Swetha Kamble
P. Shashikala Reddy
Navaneetha Ch

Ágar-sangue para o isolamento de Mycobacterium tuberculosis

Swetha Kamble
P. Shashikala Reddy
Navaneetha Ch

Ágar-sangue para o isolamento de Mycobacterium tuberculosis

ScienciaScripts

Imprint

Cover image: www.ingimage.com

This book is a translation from the original published under ISBN 978-620-2-30799-4.

Publisher:
Sciencia Scripts
is a trademark of
Dodo Books Indian Ocean Ltd. and OmniScriptum S.R.L publishing group

120 High Road, East Finchley, London, N2 9ED, United Kingdom
Str. Armeneasca 28/1, office 1, Chisinau MD-2012, Republic of Moldova, Europe
Printed at: see last page
ISBN: 978-620-8-25770-5

ÍNDICE DE CONTEÚDOS

LISTA DE ABREVIATURAS UTILIZADAS

AFB - Acid fast bacilli

ATCC - American Type Culture Collection

BA - Blood Agar

CON - Conjugate solution.

GPC - Gram positive cocci

GNB - Gram negative bacilli

HYB - Hybridization buffer.

LJ - Lowenstein Jensen Medium.

MGIT - Mycobacteria Growth Inhibitor Tube

Mtb - Mycobacterium tuberculosis.

MTBC - Mycobacterium tuberculosis complex.

NTM - Non-Tuberculous Mycobacteria.

PNB - Para Nitro Benzoic Acid.

RIN - Rinsing solution

STR - Stringent solution.

SUB - Substrate solution

TB - Tuberculosis.

ZN - Ziehl Neelsen.

RECONHECIMENTO

Expresso a minha sincera gratidão à DR. P. SHASHIKALA REDDY, Professor e HOD, Dept. de Microbiologia, Osmania Medical College, por me ter sugerido este tópico e pela sua orientação especializada durante todo o meu estudo, sem a qual este teria ficado incompleto, e pela sua disponibilidade sempre pronta para partilhar comigo a sua experiência e conhecimentos.

Expresso os meus sinceros agradecimentos ao Dr. Keshav Chandra, District TB Control Officer e Diretor do State Tuberculosis Training and Demonstration Centre, Hyderabad, por me ter permitido trabalhar no seu instituto e por me ter proporcionado as infra-estruturas necessárias para o meu trabalho.

Expresso a minha gratidão ao RNTCP, ao Dr. C. H. Surya Prakash, responsável estatal pela tuberculose e aos consultores da OMS pelo seu apoio.

Expresso a minha gratidão à Dra. Navaneetha ch, professora assistente, Departamento de Microbiologia, Osmania Medical College, pela sua ajuda e cooperação durante o estudo.

Expresso os meus sinceros agradecimentos à Sra. Kalai Vani, Microbiologista, Centro Estatal de Formação e Demonstração da Tuberculose - Laboratório de Referência Intermédio, pela sua orientação técnica e cooperação, sem as quais foi impossível concluir este trabalho.

Agradeço a ajuda e a cooperação de todos os membros do pessoal do Departamento de Microbiologia, do Hospital Geral e do Tórax do Governo e do Centro Estatal de Formação e Demonstração da Tuberculose - Laboratório de Referência Intermédio pela sua ajuda e cooperação.

Por último, mas não menos importante, agradeço a cooperação de todos os doentes envolvidos no estudo.

DR. SWETHA K. S.

Capítulo 1

INTRODUÇÃO:

Nos últimos 5000 anos, a tuberculose é uma doença bacteriana bem conhecida, mas continua a infetar um terço da população .[1]

A tuberculose (TB) continua a ser um grave problema de saúde a nível mundial. É a segunda principal causa de morte por doença infecciosa a nível mundial, a seguir ao vírus da imunodeficiência humana (VIH) .[2]

A Organização Mundial de Saúde (OMS) declarou a tuberculose uma emergência de saúde pública mundial em 1993[2] . A TB continua a ser a única doença infecciosa que causa a maior mortalidade nos seres humanos (1).

Calcula-se que cerca de 40% da população indiana esteja infetada com a bactéria da tuberculose, a grande maioria da qual tem tuberculose latente em vez de tuberculose ativa. Na Índia, a tuberculose pulmonar é a forma mais comum da doença; no entanto, a tuberculose extra-pulmonar compreende 20% dos casos.

De acordo com dados recentes da Organização Mundial de Saúde (OMS), a TB na Índia representa um quinto da incidência global de TB, sendo responsável por 26% dos casos de TB no mundo .[1]

A taxa de incidência estimada da TB é de 2,2 milhões de casos e a prevalência estimada da TB é de 2,8 milhões de casos[3] . Todos os anos, morrem cerca de 3,30 000 pessoas devido à tuberculose. Os números da OMS indicam que a taxa de mortalidade devida à TB na Índia é a mais elevada de todas as doenças transmissíveis .[1]

A medida de controlo mais eficaz para impedir a propagação da tuberculose é a deteção precoce e o tratamento optimizado o mais cedo possível .[4]

Embora a microscopia do esfregaço com coloração de Ziehl-Neelsen seja a técnica mais utilizada para a deteção precoce, é pouco sensível e não consegue detetar um grande número de casos[5] . Por conseguinte, a confirmação bacteriológica desempenha um papel fundamental no diagnóstico da tuberculose (TB) .[4]

Nos países em desenvolvimento, como a Índia, o meio Lowenstein Jensen é o meio mais utilizado para a cultura de Mycobacterium tuberculosis (Mtb). O crescimento do Mtb é lento, as colónias macroscópicas aparecem em 2 a 6 semanas e o relatório negativo da cultura não pode ser dado antes de 8 semanas[6] . Um prazo de execução tão prolongado é inaceitável, tanto para fins médicos como epidemiológicos .[4]

No entanto, artigos recentes publicados em revistas científicas sugerem que o ágar-sangue também pode ser utilizado para o isolamento de Mtb, constituindo um bom substituto do meio LJ. A utilização de meios de ágar-sangue para o crescimento de Mtb foi comunicada desde cedo, mas não foi mencionada nos manuais de microbiologia contemporâneos .[6]

O meio de ágar-sangue é barato e simples de preparar, pelo que pode ser utilizado como meio sólido para a cultura de Mycobacterium tuberculosis .[7]

No presente estudo, foi feita uma tentativa de avaliar a utilidade do meio de ágar-sangue para o isolamento de Mycobacterium tuberculosis e uma comparação da taxa de isolamento, duração do isolamento e sensibilidade com o meio Lowenstein Jensen e BACTEC MGIT 960.

Se for comprovado com êxito, o ágar-sangue pode ser considerado um meio de primeira linha para a cultura de espécies de micobactérias. Pode poupar cerca de um terço do tempo e é igualmente sensível e pelo menos tão rápido como o método automatizado.

O presente estudo foi realizado no IRL-STDC, que está situado junto ao Govt. General and Chest Hospital, uma vez que dispõe de um protocolo bem estabelecido para o tratamento de amostras pulmonares e extra-pulmonares para o diagnóstico da tuberculose e, com o esforço combinado do RNTCP e da FIND (Foundation for Innovative New Diagnostics), o IRL-STDC dispõe das infra-estruturas e está equipado com as medidas de segurança necessárias, como a cabina de segurança biológica de nível 3, e equipamento como o instrumento BACTEC MGIT 960, a máquina de PCR, o instrumento GT BLOT versão 2.0, para além de reagentes microbiológicos para processamento de amostras, coloração, etc., para realizar o projeto.

As amostras foram colhidas no Centro de Microscopia Designado (DMC) do Govt. General and Chest Hospital com base nos critérios de exclusão e inclusão e o processamento foi efectuado no IRL-STDC.

Capítulo 2

OBJECTIVOS E METAS:

1. Demonstrar que o Mycobacterium tuberculosis pode ser cultivado em placas de ágar sangue de carneiro preparadas localmente.

2. Comparar a sensibilidade e o tempo necessário para o isolamento de Mycobacterium tuberculosis em ágar sangue, meio LJ e MGIT.

3. Para demonstrar que as NTM também podem ser isoladas em placas de ágar-sangue

4. Estabelecer e recomendar a utilização do ágar-sangue como meio de isolamento do Mycobacterium tuberculosis num contexto de recursos limitados.

Capítulo 3

REVISÃO DA LITERATURA:

Aspectos históricos:

A história médica dos tempos antigos está repleta de referências a sinais e sintomas que muito provavelmente indicam tuberculose. A doença, associada a tosse, febre, sangue espumoso e emaciação, foi descrita como Lao Ping pelos chineses, Rajyakshama pelos indianos e como Phthisis por Hipócrates. Tratava-se provavelmente de tuberculose .[(8)]

Laennac, no início do século XIX, lançou as bases do nosso conhecimento atual da patologia da tuberculose. Demonstrou a existência de nódulos nos pulmões de doentes e deu-lhes o nome de "tubérculos" e designou a doença por "tuberculose". Em 1882, Robert Koch demonstrou pela primeira vez o bacilo da tuberculose .[(9)]

O GÉNERO:

O género Mycobacteria é atualmente o único género da família Mycobacteriaceae

As normas mínimas para incluir uma espécie neste género são

1. Solidez ao álcool ácido, ou seja, resistência à descoloração por álcool acidificado após coloração com um corante básico de fucsina.
2. Presença de ácido micólico com 60-90 átomos de carbono, que são clivados em ésteres metílicos de síntese de ácidos gordos C_{22}-C_{26} por pirólise
3. Um teor de G+C do ADN de 61-71%, com a única exceção do M.leprae (>57%)

As micobactérias são bactérias não móveis, não formadoras de esporos, fracamente gram positivas, aeróbias ou microaerofílicas, rectas ou ligeiramente curvadas, em forma de bastonete (0,2-0,6 x 1,0-10µm). Algumas Mycobacteria apresentam formas coccobacilares ou ramificadas .[(10)]

Genoma MTB:

O genoma das micobactérias apresenta uma estrutura típica de cromossoma bacteriano (uma única molécula de ADN circular grande) com um teor de G+C de 60-70 % .[(11)]

As micobactérias de crescimento lento têm apenas uma cópia dos genes que codificam os ARN ribossómicos; uma caraterística que pode contribuir para o seu crescimento lento. A sequência completa do genoma do MTB H37Rv consiste em 4,41 Mb contendo aproximadamente 4000 genes que codificam proteínas e 50 genes que codificam RNA'S [(10)]

Classificação:-

Atualmente, existem cerca de 100 espécies de micobactérias que são normalmente agrupadas em micobactérias de "crescimento lento" e de "crescimento rápido". As de crescimento lento necessitam de mais de 7 dias para produzir colónias visíveis em meio sólido a partir de um inóculo diluído e as de crescimento rápido apresentam colónias visíveis em menos de 7 dias .[(12)]

A morfologia das colónias varia de espécie para espécie, indo de lisa a rugosa e de não pigmentada (não fotocromogénica) a pigmentada (amarela a laranja). Algumas destas últimas necessitam de luz para formar o pigmento (fotocromogéneas), enquanto outras produzem pigmento tanto à luz como no escuro (escotocromogéneas) [(10)].

O estatuto taxonómico do Mycobacterium tuberculosis é

DomínioBactéria

Filo -Actinobactérias

Classe -Actinobactérias

Subclasse -Actinobacteridae

Ordem -Actinomycetales

Subordem -Corynebacterineae

Família -Mycobacteriaceae

Género -Mycobacteria

Espécie -tuberculose [(13)]

REACÇÃO DE COLORAÇÃO:-

As micobactérias são difíceis de corar. O elevado conteúdo lipídico da sua parede celular torna-as impermeáveis aos corantes utilizados numa coloração de Gram. Num esfregaço de coloração de Gram, o aspeto das micobactérias é variável. Podem aparecer como imagens coradas negativamente ou "fantasmas" ou podem aparecer como bastonetes Gram positivos ou Gram invisíveis .[(14)]

Hinson e Border referiram um aspeto Gram neutro notável das micobactérias e descreveram-no como "Gram Ghost". A observação de um fantasma de Gram numa amostra corada com Gram pode fornecer uma pista precoce para a presença de micobactérias .[(15)]

(a) MANCHAS RÁPIDAS DE ÁCIDO:-.

Robert Koch isolou os bacilos da tuberculose em 1876 e corou-os com metileno alcalino durante 24 horas, descolorizando-os depois com castanho de Bismarck.[14]

Ehrlich descobriu a propriedade ácido-rápida dos bacilos da tuberculose e corou-os com fucsina e óleo de anilina como mordente e óleo mineral como descolorante. Ziehl alterou o mordente para ácido carbólico, enquanto Neelsen aumentou a força do ácido carbólico e combinou-o com um corante para produzir carbolfuchsina .[14]

Quando coradas com a técnica de ZiehlNeelsen, as micobactérias retêm a cor rosa da carbolfucsina mesmo após a descoloração com ácido mineral e são denominadas "Acid Fast". A propriedade de solidez ao ácido deve-se à cápsula espessa e cerosa que envolve as paredes celulares das micobactérias .[16]

Kinyoun desenvolveu uma técnica de jejum ácido "a frio" na qual a concentração de ácido carbólico e fucsina foi aumentada .[16]

Em 1966, Rao et al. utilizaram clorofórmio em vez de etanol como solvente e referiram que esta variação era tão eficaz como o método de Ziehl-Neelsen .[17]

(b) MANCHAS FLUORESCENTES

A coloração por fluorescência utiliza basicamente a mesma abordagem que a coloração por Z-N, mas

1. A carbolfucsina é substituída por um corante fluorescente (auramina-O, rodamina, auraminerhodamina, laranja de acridina, etc.),

2. O ácido para a descoloração é mais suave e

3. A contracoloração, embora não seja essencial, é útil para atenuar a fluorescência de fundo .[18]

Com a coloração de auramina, os bacilos aparecem como bastonetes luminosos esguios e amarelos brilhantes, destacando-se claramente contra um fundo escuro. A identificação das micobactérias com a auramina O deve-se à afinidade do ácido micólico das paredes celulares pelos fluorocromos.

A vantagem importante da técnica de fluorescência é que

1. As lâminas podem ser examinadas com uma ampliação menor, permitindo assim o exame de uma área muito maior por unidade de tempo.

2. Mais sensível do que a microscopia ótica .[18]

CULTURA DE BACILOS DA TUBERCULOSE:

O Mycobacterium tuberculosis foi isolado pela primeira vez por Robert Koch a partir de tubérculos pulmonares acabados de esmagar, após 10 dias de incubação, utilizando meio de soro de ovino e bovino coagulado pelo calor em tubos .[(19)]

Em 1907, A.S. Griffith e F. Griffith descobriram que o meio mais satisfatório para o isolamento primário de Mtb era o meio de ovo de Dorset (3 partes de ovo para 1 parte de soro fisiológico, inclinado e inspirado a 75^0 C durante 2 horas em 2 dias sucessivos). Foi utilizado tanto para os tipos humanos como para os bovinos, pelo que provou ser superior a todos os outros meios como Petragnini, Petroff, Lowenstein, Herold.

Em 1932, a modificação de Jensen do meio Lowenstein foi amplamente utilizada apenas para a cultura do tipo humano. Em 1958, Middlebrook e Cohn descreveram um meio à base de ágar para permitir uma deteção mais rápida do crescimento micobacteriano .[(20)]

O primeiro meio líquido para a cultura de bacilos da tuberculose foi descrito por Von Schmeitz em 1883. Em 1884, Proskauer e Beck descreveram um meio líquido contendo asparaginas, glicerol e sais minerais. Soutan modificou-o em 1912. Dubos, em 1947, defendeu a utilização de um digesto enzimático de caseína .[(21)]

Em 1975, Cummings e colaboradores foram os primeiros a utilizar^{14} C - substratos marcados, nomeadamente glicerol e acetato, para detetar o crescimento de micobactérias. Mais tarde, Middlebrook e colaboradores formularam o caldo Middlebrook 7H12, um meio líquido com^{14} C - ácido palmítico marcado como substrato. Este meio revolucionou o isolamento dos bacilos da tuberculose .[(4)]

O ágar-sangue é normalmente utilizado na maioria dos laboratórios de microbiologia clínica porque é barato, simples de preparar e a maioria das bactérias pode ser cultivada nele .[(6)]

Robert Koch foi o primeiro a utilizar a técnica de cultura rápida em lâmina, em 19th , utilizando sangue humano coagulado, e conseguiu obter o crescimento de M. tuberculosis em sete dias, mas as contaminações impediram um maior sucesso.

Por conseguinte, o isolamento do MTb foi substituído por um ágar à base de ovo, que, na década de 1920, se tornou o meio padrão recomendado para o isolamento primário do MTB .[(19)]

No entanto, alguns trabalhos esporádicos referiram o isolamento de MTb em ágar-sangue padrão, sugerindo que o ágar-sangue também pode ser utilizado para o isolamento de MTB, constituindo um bom substituto do meio LJ .[(6)]

Maurice S. Tarshis et al, em 1953, demonstraram que um meio de sangue humano modificado contendo ágar, glicerol, sangue e penicilina era satisfatório para a cultura de bacilos da tuberculose em condições de diagnóstico de rotina .[22]

Em 1977, Kiliçturgay K et al compararam a eficiência dos meios de ágar-sangue com penicilina com os meios LJ para a cultura de diagnóstico de rotina do Mtb e sugeriram que o ágar-sangue com penicilina seria pelo menos tão bom como, se não melhor que o meio LJ, para a recuperação do Mtb .[23]

No entanto, houve um relato anedótico de isolamento de Mtb em ágar sangue por Arvand et al em 1998, quando tentavam isolar Bartonella henslae de um nódulo linfático por incubação prolongada .[24]

Drancourt et al., em 2003, referiram que os isolados de M. tuberculosis eram facilmente cultivados em 12 semanas em ágar-sangue e que o número de colónias obtidas a partir de amostras clínicas em ágar-sangue era maior do que em meio à base de ovos .[6]

O meio de ágar-sangue é utilizado como um meio sólido para a cultura de Mtb. Para o tornar um meio seletivo para o crescimento de Mtb, foram adicionados antibióticos e medicamentos antifúngicos (7).

Coban et al., em 2005, referiram que os resultados da suscetibilidade do Mtb aos medicamentos podiam ser obtidos em ágar-sangue em duas semanas, em comparação com três semanas em ágar 7H10 Middlebrook, uma vez que os resultados eram os mesmos em ágar-sangue ao fim de 14 dias e ao fim de 21 dias .[25]

Mathur et al., em 2009, avaliaram o desempenho de placas de ágar-sangue de ovelha preparadas localmente para o isolamento primário de Mtb em vez do meio LJ e referiram que as placas de ágar-sangue podem ser um bom substituto para a deteção rápida de Mtb .[6]

Luqman Satti et al, em 2012, avaliaram o desempenho do ágar-sangue (por crescimento macroscópico) e do ágar-nutriente (por um método de deteção de microcolónias) para o teste de suscetibilidade a medicamentos do Mycobacterium tuberculosis contra a rifampicina (RIF) e a isoniazida (INH), e os resultados estavam disponíveis no prazo de 2 semanas tanto para o ágar-sangue como para o ágar-nutriente na maioria dos casos (mais de 96%) .[26]

Métodos de cultura dos bacilos da tuberculose:-.

O bacilo da tuberculose cresce lentamente, sendo o tempo de geração in vitro de 14-15 horas.

Os bacilos da tuberculose não têm requisitos de crescimento exigentes, mas são altamente susceptíveis mesmo a vestígios de substâncias tóxicas, como os ácidos gordos, nos meios de cultura. A cultura aumenta o número de casos de tuberculose detectados, frequentemente em 30-50% .[27]

A OMS estabeleceu prioridades e recomendou a utilização das seguintes culturas

1. Vigilância da resistência aos medicamentos como parte do desempenho do programa de controlo.

2. A cultura fornece o diagnóstico definitivo da tuberculose, estabelecendo a viabilidade e a identidade dos organismos.

3. Diagnóstico de casos difíceis de tuberculose extra-pulmonar/infantil e de casos com sintomas clínicos/radiológicos em que as baciloscopias são negativas.

4. Acompanhamento dos doentes que falham nos regimes de tratamento para verificar a existência de resistência aos medicamentos.

5. As culturas também fornecem material suficiente para testes de suscetibilidade e identificação de medicamentos, que incluem testes genotípicos e fenotípicos.

6. Investigação de indivíduos de alto risco que são sintomáticos.

7. Detecta NTM para além do complexo M.tuberculosis .[27]

- Uma cultura ideal para o isolamento de bacilos da tuberculose deve ter as seguintes caraterísticas

1. Ter a capacidade de se ligar e neutralizar compostos tóxicos presentes em amostras clínicas.

2. Ter um prazo de validade longo.

3. Apoiar o bom crescimento do M.tuberculosis .[13]

Segue-se a classificação dos meios que são atualmente utilizados para o cultivo do bacilo da tuberculose .[13]

<u>(A) MEIO SÓLIDO:</u>

1. <u>Meios à base de ovos :-.</u>

(a) Meios não selectivos:

- Lowenstein Jensen medium

- Médio Petragnani

- Sociedade Torácica Americana médio

(b) Meios selectivos:

- Modificação Gruft do meio LJ

- Meio Mycobactosel LJ

2. <u>Meios à base de ágar:-.</u>

(a) Meios não selectivos:

- Middlebrook 7H10 médio.

- Middlebrook 7H11 médio

(b) Meios selectivos:

- Meio seletivo Middlebrook 7H10.

- Middlebrook 7H11 seletivo (meio de Mitchinson).

(B) MEIO BIFÁSICO: -

1. Sistema Septi-chek AFB

(C) MEIOS LÍQUIDOS

1. Radiométrico:

- BACTEC 460 TB

2. Não radiométrico:

- Tubo indicador de crescimento micobacteriano

- MB Redox

- Caldos líquidos

(a) Caldo Middlebrook 7H9

(b)Caldo Dubos Tween Albumina

(c)Proskauer e Beck's

(d)Sula's e Sauton's

- Observação microscópica da cultura em caldo.

3. Sistemas automatizados de monitorização contínua:

-BACTEC MGIT 960 (BD)

-BACTEC 9000 MB (BD)

Sistema de deteção de micobactérias -MB/BacT

- Sistema de cultura ESP II

-BACTEC MYCO / F LYTIC

Nas páginas que se seguem, são brevemente analisados alguns dos meios de cultura e sistemas comerciais habitualmente utilizados.

1. LOWENSTEIN JENSEN MEDIUM:

Este é o meio mais utilizado para o cultivo de bacilos da tuberculose. É constituído por

de ovos coagulados, sais definidos, glicerol, asparagina, etc. A adição de 0,025gm% de verde de malaquite torna-o seletivo.

Atualmente, o meio seletivo descrito por Gruft, que consiste num meio Lowenstein Jensen com penicilina (50U/mL), ácido nalidíxico (35mg/mL) e verde de malaquite (0,025g/100mL), é normalmente utilizado.

Petran descreveu posteriormente um meio seletivo contendo cicloheximida (400µg/mL), lincomicina (2µg/mL), ácido nalidíxico (35µg/mL) .[(13)]

A taxa registada de isolamento de bacilos da tuberculose em meio LJ varia entre 70-85%. É afetada pelo tipo de espécime, pela qualidade do espécime, pelo intervalo de tempo entre a colheita do espécime e o meio de inoculação, pela concentração de verde de malaquite, pela utilização de terapêutica anti-tuberculosa pelo doente e pelo número de lâminas utilizadas .[(28)]

O tempo médio necessário para detetar o crescimento em meio LJ difere nos casos de esfregaço positivo e negativo. Nos casos de esfregaço positivo é de 18-22 dias e nos casos de esfregaço negativo é de 2831 dias .[(4)]

2. MEIOS MIDDLEBROOK 7H10 E 7H11:

O ágar Middlebrook é preparado a partir de um meio basal de sais definidos, vitaminas, cofactores, ácido oleico, albumina, catalase, glicerol e dextrose[(13)] . A utilização da placa de ágar Middlebrook para visualizar microcolónias com a ajuda de um microscópio de baixa potência foi proposta nas décadas de 1960 e 1970 por Runyon e Vestal e Kubica[(29)] . Mais tarde, em 1993, Welch et al. modificaram a técnica de varrimento das placas a baixa potência (ampliação total de 40x), sendo a morfologia das colónias confirmada a uma potência intermédia (ampliação de 100x180x) .[(30)]

O Middlebrook 7H11, para além dos ingredientes acima referidos, contém 0,1% de hidrolisado de caseína, um aditivo que melhora a taxa e a quantidade de crescimento de micobactérias resistentes à isoniazida (INH). O Middlebrook 7H10 é tornado seletivo através da adição de verde-malaquita (0,0025g/100mL), cicloheximida (360µg/mL), lincomicina (2µg/mL), ácido nalidíxico (20µg/mL) .[(13)]

O Middlebrook7H11 é tornado seletivo através da adição de carbenicilina (50µg/mL), anfotericina B (10µg/mL), polimixina B (200U/mL) e lactato de trimetoprim (20µg/mL). É também conhecido como "meio de Mitchinson"[(35)] .

A principal vantagem do ágar Middlebrook é o facto de ser transparente e permitir a identificação presuntiva do M. tuberculosis e de outros grupos de micobactérias no prazo de 10 dias, examinando as primeiras colónias microscópicas no ágar e observando certas caraterísticas morfológicas bem definidas.

Isto deve-se, em parte, à adição de biotina e catalase para estimular o reaparecimento de bacilos danificados em amostras clínicas. Os meios Middlebrook requerem absolutamente uma incubação capnéica para um desempenho correto.

As desvantagens são as seguintes: 1. Estes ágares contêm verde de malaquite num décimo da quantidade utilizada nos meios à base de ovos, o que explica a maior taxa de contaminação.

2. A exposição dos meios à luz intensa ou a sua armazenagem a 4^0 C durante mais de 4 semanas pode resultar na deterioração e libertação de formaldeído, uma substância química muito inibidora das micobactérias (13) .

3. BACTEC 460 TB:

^{14}O ácido palmítico marcado com C como fonte de carbono no meio líquido 7H12 é metabolizado pelos microrganismos em$^{14}CO_2$, que é monitorizado pelo instrumento e comunicado em termos de valor do índice de crescimento. A quantidade de$^{14}CO_2$ e a taxa a que o gás é produzido são diretamente proporcionais à taxa de crescimento do organismo no meio .[(10)]

O tempo médio de deteção é de 9 a 14 dias para o M. tuberculosis e de menos de 7 dias para as micobactérias não tuberculosas .[(13)]

C Rodrigues e colegas, no seu estudo (2007), compararam o desempenho do BACTEC 460 com o meio LJ e observaram que o MTB foi isolado em 98% das amostras respiratórias e não respiratórias pelo sistema BACTEC 460, em comparação com apenas 68% pelo meio LJ .[(28)]

VANTAGENS:

1. Detecta um número significativamente mais elevado de casos no mais curto espaço de tempo em comparação com o meio LJ

2. Permite efetuar eficazmente testes de suscetibilidade a fármacos micobacterianos.

DESVANTAGENS:

1. Impossibilidade de observar a morfologia das colónias

2. Custo elevado.

3. Eliminação radioactiva.

4. Utilização de agulhas e contaminação cruzada .[13]

4. MGIT (MANUAL):

O sistema MGIT consiste num tubo de vidro de fundo redondo de 16×100 mm que contém 4 ml de caldo Middlebrook 7H9, ao qual se juntam 0,5 ml de enriquecimento OADC e 0,1 ml de mistura de antibióticos PANTA. Um sensor de o2 baseado na extinção da fluorescência é incorporado num tubo de borracha de silicone impregnado com um pentahidrato de ruténio no fundo do tubo para detetar o crescimento de Mycobacteria .[31]

O crescimento de micobactérias no caldo esgota o o2, a fluorescência é desmascarada e pode ser detectada observando o tubo sob luz ultravioleta de onda longa (lâmpada de Wood). Hanna e colaboradores utilizaram o sistema MGIT e verificaram que o tempo médio de deteção de MTB é de 10,4 dias .[13]

DESVANTAGENS:

1. Custo elevado. 2. Mascaramento da fluorescência pelo sangue.

VANTAGENS:

1. Redução da possibilidade de contaminação cruzada de culturas

2. Não é necessária a inoculação com agulha

3. Sem radioisótopos

4. Não é necessária instrumentação especial para além da luz UV .[13]

5. OBSERVAÇÃO MICROSCÓPICA DA CULTURA EM CALDO:

Um teste baseado em cultura líquida que detecta o Mycobacterium tuberculosis diretamente a partir de amostras de expetoração. Microplacas de 24 poços inoculadas com amostras de expetoração descontaminadas suspensas em meio Middlebrook 7H9 suplementado e examinadas para deteção de microcolónias. As placas são examinadas num microscópio ótico invertido com uma ampliação de 40X. O Mtb pode ser detectado numa média de 7 dias, muito antes de se observar o crescimento macroscópico de colónias em meio sólido .[(7)]

VANTAGENS:

1. A simplicidade da técnica.
2. A maior sensibilidade da cultura em meio líquido em relação à cultura em meio sólido para a deteção da TB.
3. A especificidade do crescimento caraterístico do M. tuberculosis.
4. A avaliação da suscetibilidade a medicamentos numa escala temporal curta.
5. O baixo custo dos reagentes.

DESVANTAGENS:

1. Os contaminantes cresceram nos poços da microplaca
2. Os cabos de BTT nem sempre podem ser apreciados .[(7)]

SISTEMAS DE MONITORIZAÇÃO CONTÍNUA:

(a)MGIT 960 TB:

Sistema automatizado, não radiométrico, que utiliza um sensor de oxigénio de penta-hidrato de ruténio incorporado em silício no fundo de um tubo contendo 8 ml de caldo Middlebrook 7H9 modificado para detetar a fluorescência. O sistema contém 960 tubos de plástico monitorizados de 60 em 60 minutos para detetar o aumento da fluorescência .[(32)]

Numa comparação do MGIT 960 com o BACTEC 460 e o meio LJ, Tortoli e colaboradores verificaram que o MGIT 960 tinha o tempo médio mais curto para a positividade, 13,3 dias, em comparação com 14,8 dias para o sistema BACTEC 460 e 25,6 dias para o meio LJ. A taxa de contaminação também foi elevada no MGIT 960 (10%), em comparação com o sistema radiométrico (3,7%) e o meio LJ (17,0%) .[(13)]

(b)BACTEC 9000:

O sistema BACTEC 9000 MB é um sistema de deteção de monitorização contínua, baseado na fluorescência, que utiliza o meio MYCO/F, um caldo Middlebrook 7H9 modificado, que pode ser suplementado com uma mistura antimicrobiana para suprimir o crescimento de microrganismos contaminantes. O sistema responde a alterações na concentração de oxigénio .[(33)]

De acordo com A J Van Griethysen et al, a taxa de recuperação de micobactérias pelo sistema BACTEC 9000 MB e pelo sistema Septi-Chek AFB foi de 91,6% e 80,2%, respetivamente, e a do LJ foi de 79,9%. O tempo médio global de deteção foi de 17,6 dias para o sistema BACTEC, 26,0 dias para o sistema Septi-Chek AFB e 29,4 dias para o LJ .[(34)]

(c) Sistema de deteção de micobactérias MB/BacT:

Os frascos MB/BacT contêm 10mL de caldo Middlebrook 7H9 melhorado numa atmosfera de CO_2, azoto e oxigénio sob vácuo. O fundo de cada frasco de caldo está equipado com um sensor permeável ao gás que muda de verde escuro para amarelo brilhante quando o CO_2 é produzido no caldo por micobactérias metabolizantes. Os frascos são colocados na câmara de incubação e a luz reflectida é utilizada para monitorizar continuamente a produção de CO_2 gerado pelos micróbios de 10 em 10 minutos .[(13)]

P Rohner et al compararam este método com o BACTEC 460 e o meio LJ e revelaram que o MB/BacT podia recuperar MTB em 86,3% dos casos, o BACTEC em 91,8% e o LJ em 79,5% dos casos. O tempo necessário para a positividade da cultura foi de 17,5 dias para MB/BacT, 14,3 dias para BACTEC 460 e 24,3 dias para os meios LJ. Este sistema também pode ser utilizado como um meio fiável de realizar testes de suscetibilidade em caldo .[(35)]

(d)Sistema de cultura ESP - II:

O Sistema de Cultura ESP II é um método totalmente automatizado originalmente desenvolvido para culturas de sangue e baseia-se na monitorização contínua das alterações de pressão devido ao consumo ou produção de gás resultante da atividade metabólica de microrganismos que crescem num meio líquido.

Williams-Bouyer et al compararam o sistema de cultura ESP II com o ágar BACTEC MGIT 960 e Middlebrook 7H11. As taxas de recuperação de todas as micobactérias foram de 71,2% para o ESP II, 63,9% para o MGIT 960 e 61,8% para o ágar Middlebrook. A taxa de recuperação de MTB é de 17,4 dias para o ESP II e de 11,9 dias para o BACTEC MGIT 960 .[(23)]

(e)BACTEC MYCO/F LYTIC:

O meio de cultura BACTEC Myco/F Lytic é uma formulação de caldo Middlebrook 7H9 e Brain Heart Infusion para a recuperação de micobactérias a partir de amostras de sangue. Contém saponina como agente de lise do sangue para libertar micobactérias que tenham sido fagocitadas por glóbulos brancos. Para além das micobactérias, também pode ser utilizado para isolar bactérias e fungos que possam estar presentes na corrente sanguínea. Crump et al avaliaram o desempenho do BACTEC MYCO/F LYTIC com o BACTEC 13A e o MB BacT/ALERT para a deteção de micobacteriémia em adultos (13)

DIAGNÓSTICO MOLECULAR DA TUBERCULOSE: ( )[36]

Nos últimos 10 anos, foram desenvolvidos vários métodos moleculares para a deteção direta, identificação e teste de suscetibilidade das micobactérias. Estes métodos podem potencialmente reduzir o tempo de diagnóstico de semanas para dias.

(A) Deteção direta de micobactérias em amostras

TESTES DE AMPLIFICAÇÃO DE ÁCIDOS NUCLEICOS (NAA):

No final da década de 1990, a Food and Drug Administration (FDA) aprovou dois testes NAA para a deteção direta de M. tuberculosis em amostras clínicas. Estes são

(a) Teste direto Amplified Mycobacterium tuberculosis (AMTD; Gen-Probe, San Diego, CA)

Neste ensaio, o ADN micobacteriano é amplificado com iniciadores específicos do género, formulados com base no gene 16S rRNA. A sensibilidade global do teste Amplicor (em comparação com a cultura) para amostras respiratórias é de 79,4 -91,9% e a especificidade é de 99,6 -99,8%.

No entanto, a sensibilidade para as amostras negativas é um pouco menor, 40,0-73,1%. Por conseguinte, o teste Amplicor é utilizado apenas para a deteção direta de M. tuberculosis em amostras respiratórias AFB positivas. Os resultados do Amplicor estão disponíveis em 6,5 horas.

(b) Ensaio de PCR Amplicor para Mycobacterium tuberculosis (Amplicor; Roche Diagnostic Systems, Inc., Branchburg, NJ).

O teste A-MTD baseia-se no sistema de amplificação mediada por transcrição desenvolvido por Kwoh et al. Neste ensaio, o rRNA é libertado das células alvo por sonicação e um promotor-primer liga-se ao rRNA alvo. A sensibilidade global (em comparação com a cultura) para as amostras respiratórias é de 90,9-95,2% e a especificidade é de 98,8-100%. O teste A-MTD pode ser concluído em 3,5 horas. Estão disponíveis dois ensaios de amplificação adicionais para o M. tuberculosis, mas estes não foram aprovados pela FDA. São eles

1. Ensaio BD Probe Tec para M.tuberculosis, que utiliza a amplificação por deslocamento de cadeia.

2. Ensaio AbottLCxM.tuberculosis que utiliza a reação em cadeia da ligase.

(c) LÂMPADA:

A amplificação isotérmica mediada por laço (Eiken Chemical Company, Tóquio, Japão) é um novo método de amplificação do ADN que gera quantidades suficientes de ácido nucleico para deteção visual através da utilização de marcadores fluorescentes. Os iniciadores específicos da espécie foram concebidos tendo como alvo o gene gyrB. Tempo de trabalho necessário por execução - 54 mts.

O primeiro ensaio clínico mostrou uma sensibilidade de 97,7% em espécimes com esfregaço positivo e cultura positiva, mas apenas 48% de sensibilidade em espécimes com esfregaço negativo e cultura positiva

(B) Identificação de espécies de micobactérias a partir de culturas:

1. Sondas de ADN:

Estão disponíveis sondas comerciais de ADN (AccuProbe; Gen-Probe Inc.) para a identificação de espécies de micobactérias clinicamente importantes, incluindo o complexo M. tuberculosis, M. avium, M. intracellulare, complexo M. avium, M. kansasii e M. gordonae. Estes são aprovados pela FDA.

O 16SrRNA alvo é libertado do organismo por sonicação. A sonda de ADN marcada combina-se com o ARNr do organismo para formar um híbrido ADN ARN. O produto marcado é detectado num luminómetro. A sua sensibilidade e especificidade são de 100% para o MTBC.

2. SEQUENCIAÇÃO DE ADN:

O método consiste na amplificação por PCR do ADN micobacteriano com iniciadores específicos do género e na sequenciação dos amplicões. O organismo é identificado por comparação da sequência de nucleótidos com sequências de referência. O alvo mais comummente utilizado é o gene que codifica o 16S rRNA. O MicroSeq (Applied Biosystems, Inc., Foster City, CA) é um sistema comercialmente disponível para a identificação de microrganismos por sequenciação de ADN.

3. MICROARRAYS DE DNA:

Os dispositivos de microarrays são vulgarmente designados por "chips de genes". Esta técnica baseia-se na hibridação de amplicões de PCR marcados com fluorescência, gerados a partir de colónias bacterianas, numa matriz de ADN que contém sondas de nucleótidos. Os amplicões ligados emitem um sinal fluorescente que é detectado com um scanner.

Apenas um ensaio comercial baseado nesta tecnologia foi avaliado, o TB-Biochip (Instituto Engelhardt de Biologia Molecular, Moscovo, Rússia)

(C) Identificação de mutações associadas à resistência aos antibióticos

1. ENSAIOS DE SONDAS EM LINHA:

Estes ensaios de tiras baseiam-se na tecnologia de tiras de ADN: ADN micobacteriano

é extraído da amostra, amplificado especificamente através de PCR e detectado numa tira de membrana utilizando hibridação reversa e uma reação enzimática colorida.

(a) INNO LiPA (Mycobacteria versão 2; Innogenetics, Ghent, Bélgica) visando a região espaçadora transcrita interna do 16S-23S rRNA. O ensaio tem uma sensibilidade de 80% e uma especificidade de 100% para a deteção do MTBC em amostras respiratórias e para a deteção da resistência à rifampicina.

(b) Ensaio de genotipagem MTBDRplus; (HainLifescience, Nehran, Alemanha) que tem como alvo o gene 23rRNA. O ensaio tem uma sensibilidade de diagnóstico de 98% e uma especificidade de 99%. Em 2009, a Hains Lifescience introduziu um novo LPA, o teste Genotype MTBDRsl®, para a determinação rápida de mutações genéticas associadas à resistência a fluoroquinolonas, aminoglicosídeos (canamicina, amicacina), péptidos cíclicos (capreomicina), etambutol e estreptomicina.

2. GEN XPERT:

Este método foi concebido para ser um sistema totalmente automatizado e autónomo que utiliza a PCR em tempo real com balizas moleculares, 5 sondas para RRDR de tipo selvagem em rpoB

e 1 sonda para controlo da amplificação (B. globigii). Descontaminação, digestão, extração de ADN, amplificação e deteção no mesmo cartucho. Resultados disponíveis em 2 horas.

Tem uma sensibilidade de 100% quando comparado com o ensaio de PCR IS6110 em amostras com esfregaço positivo, mas uma sensibilidade inferior de 57% em amostras respiratórias com esfregaço negativo.

MICOBACTÉRIAS NÃO TUBERCULOSAS:[37]

As MNT eram anteriormente conhecidas por vários nomes como "atípicas", "anónimas", "micobactérias que não a tuberculose (MOTT)" ou micobactérias ambientais potencialmente patogénicas (PPEM). Mas, atualmente, a terminologia das micobactérias não tuberculosas (NTM) dada pelo Grupo de Trabalho Internacional sobre Taxonomia Micobacteriana é universalmente aceite.

As micobactérias não tuberculosas (MNT) estão amplamente distribuídas na natureza e podem causar doenças pulmonares que simulam a tuberculose. As taxas de isolamento de MNT a partir de espécimes de expetoração variaram de 0,7% a 34% na Índia e as espécies registadas foram M. avium, M. fortuitum, M. scrofulaceum, etc.

O diagnóstico de doença pulmonar por MNT foi efectuado de acordo com as diretrizes de 2007 da American Thoracic Society (ATS) Infectious Diseases Society of America (IDSA).

Critérios de diagnóstico da doença pulmonar por micobactérias não tuberculosas:

Os critérios clínicos, radiográficos e microbiológicos são igualmente importantes e todos devem ser cumpridos para fazer um diagnóstico de doença pulmonar por MNT.

(i) Clínico.

1. Sintomas pulmonares, opacidades nodulares ou cavitárias na radiografia do tórax ou um exame de TCAR que mostre bronquiectasias multifocais com múltiplos nódulos pequenos

2. Exclusão adequada de outros diagnósticos.

(ii) Radiográfico

Radiografia do tórax ou, na ausência de cavitação, tomografia computorizada de alta resolução (TCAR) do tórax;

(iii) Microbiológico.

1. Resultados positivos de cultura de, pelo menos, duas amostras separadas de expetoração. (Se os resultados das amostras de expetoração iniciais não forem diagnósticos, considerar a repetição de esfregaços e culturas de AFB da expetoração). ou

2. Resultados positivos da cultura de, pelo menos, um lavado ou lavagem brônquica ou

3. Biópsia pulmonar transbrônquica ou outra biópsia pulmonar com caraterísticas histopatológicas micobacterianas (inflamação granulomatosa ou AFB) e cultura positiva para MNT ou biópsia com caraterísticas histopatológicas micobacterianas (inflamação granulomatosa ou AFB) e uma ou mais amostras de expetoração ou lavado brônquico com cultura positiva para MNT.

4. Deve ser consultado um perito quando se recuperam NTM que não são encontradas com frequência ou que normalmente representam contaminação ambiental.

5. Os doentes com suspeita de doença pulmonar por MNT, mas que não satisfazem os critérios de diagnóstico, devem ser seguidos até que o diagnóstico seja firmemente estabelecido ou excluído.

Avaliação do significado clínico das MNT isoladas

Os pacientes foram classificados como tendo doença pulmonar por MNT definitiva, provável ou improvável, com base nos critérios acima.

(i) A doença pulmonar definitiva por MNT foi diagnosticada se o doente preenchesse os critérios clínicos, radiológicos e microbiológicos da American Thoracic Society.

(ii) Foi diagnosticada uma provável doença pulmonar por MNT se o doente preenchia os critérios da British Thoracic Society mas não preenchia os critérios da American Thoracic Society; por exemplo, o caso de duas culturas positivas com esfregaços de AFB negativos nos últimos 12 meses, embora o doente apresentasse sintomas respiratórios e achados anormais na radiografia ou na TAC do tórax.

(iii) A doença pulmonar por MNT foi considerada improvável se o paciente não preenchesse nenhum dos critérios para doença pulmonar por MNT definida ou provável. Os doentes com doença pulmonar por MNT definida ou provável foram considerados como tendo uma infeção pulmonar por MNT clinicamente significativa .[(37)]

Com base na taxa de crescimento, nas caraterísticas de crescimento e na produção de pigmentos, as NTMs foram categorizadas nos quatro grupos da classificação de Runyon.

Tabela 1: Classificação das NTM com base na classificação de Runyon ()[13]

RUNYON GROUP	Group 1	Group 2	Group 3	Group 4
Species	M.kansasi	M.gordonae M.szulgai M.scrofulaceum	M.simiae M.avium M.terrae M.malmoensae M .trivale M.vaccae M.flavescens M.intercellulare M.xenopi M.tusciae M.triplex M.ulcerans M.septicum	M.fortuitum M.chelonae M.pheli M.mucogenicum

Capítulo 4

MATERIAIS E MÉTODOS:

Centro de Estudos:

O presente estudo foi efectuado no Centro Estatal de Demonstração e Formação sobre TB e no Chest and Govt. General Hospital, Irrumnuma, Hyderabad, Telangana.

Período de estudo:

Durante um período de sete meses, de março de 2014 a setembro de 2014.

Tipo de estudo:

Estudo prospetivo.

Tamanho da amostra:

Foram incluídos no estudo 95 casos de suspeita clínica de tuberculose pulmonar e 5 casos (3 de líquido pleural, 1 de pus e 1 de gânglio linfático) de suspeita clínica de tuberculose extra-pulmonar.

Seleção das amostras:

O presente grupo de estudo inclui amostras pulmonares e extra-pulmonares de doentes de ambos os sexos.

Critérios de inclusão-

O grupo de estudo inclui doentes com mais do que quaisquer 2 dos seguintes

1. Febre e tosse com expetoração durante >2 semanas.
2. Achados anómalos na radiografia do tórax.
3. Perda de peso gradual.
4. Estado de VIH.
5. Contactos de doentes com tuberculose com baciloscopia positiva e tosse de qualquer duração.

Um doente com tuberculose extra-pulmonar pode ter sintomas gerais como perda de peso, febre com subida vespertina e suores noturnos. Outros sintomas dependem do órgão afetado. [27]

Critérios de exclusão- 1. casos que já estão a fazer TCA.

2. Casos já confirmados por métodos microbiológicos.

RECOLHA DE AMOSTRAS:

ESPUMA: Foram colhidas 2 amostras de expetoração de cada doente

(i)Recolha no local (A)

(ii) Amostra de expetoração de manhã cedo (B)

Foi entregue ao doente um recipiente estéril, à prova de fugas e com uma tampa de rosca larga, no Centro de Microscopia Designado do Hospital Geral e do Tórax do Governo, tendo-lhe sido pedido que apresentasse a amostra de expetoração no local, designada por "A

O doente recebeu outro recipiente de boca larga e recebeu instruções para recolher uma amostra de expetoração de manhã cedo no dia 2nd . Pediu-se ao doente que lavasse a boca com água, ficasse de frente para uma parede, longe do vento, tossisse com força, recolhesse a expetoração na boca e cuspisse cuidadosamente para o copo, fechando bem a tampa. A expetoração foi recolhida no recipiente designado por "B" e as amostras foram enviadas para o laboratório de referência intermédio do Centro Estatal de Tuberculose e Demonstração.

EXTRA PULMONAR: As amostras extra pulmonares foram colhidas pelo médico assistente em condições asssépticas rigorosas e enviadas para o laboratório sem qualquer atraso.

Foi obtido o consentimento informado dos doentes antes da recolha dos espécimes. Todas as amostras foram transportadas para o laboratório e processadas o mais cedo possível. Se houvesse algum atraso no processamento, as amostras eram armazenadas no frigorífico a 4^0 C.

A parte mucopurulenta da expetoração das amostras "A" e "B" e das amostras pulmonares suplementares foi espalhada no centro de uma lâmina de vidro limpa e transparente com um bastão de madeira, seca ao ar, fixada ao calor e depois corada com a coloração de Ziehl Neelsen.

Procedimento: [27]

1 Colocar a lâmina num suporte de coloração.

2 Inundar toda a lâmina com fucsina de Carbol forte.

3 Aqueça a lâmina coberta com a mancha até à formação de vapor, mas não deixe secar.

4 Enxaguar a lâmina com água e escorrer.

5 Descolorir com ácido sulfúrico a 25%.

6 Realizar uma coloração de contraste com azul de metileno a 0,1% durante 30 segundos.

7 Enxaguar, escorrer, secar ao ar e examinar com uma objetiva de imersão em óleo de 100X.

8 Os bacilos álcool-ácido rápidos são corados a rosa e o fundo a azul claro.

Quadro 2: A classificação do esfregaço de expetoração é efectuada da seguinte forma: ()[27]

Number of AFB	Result	Grading	No. of fields to be examined
More than 10 AFB per oil immersion field	Positive	3+	20
1 to 10 AFB per oil immersion field	Positive	2+	50
10 to 99 AFB per 100 oil immersion fields	Positive	1+	100
1 to 9 AFB per 100 oil immersion fields	Scanty	Record exact no.	200
No AFB in 100 oil immersion fields	Negative	-	100

DIGESTÃO E DESCONTAMINAÇÃO:

(i) ESPUTO: método N-acetilcisteína-hidróxido de sódio ([13]).

REAGENTES:

1. Digestor N-acetilcisteína-alcalino: Preparar 50 ml de citrato trissódico-3H2O a 2,94% com 50 ml de NaOH a 4% (4 gramas em 100 ml de água destilada). A esta solução, adicionar 0,5 g de N-acetil-L-cisteína em pó imediatamente antes da utilização.

2. Tampão de fosfato: Misturar 50 mL da solução A (0,067M Na2HPO4; 9,47 gramas de Na2HPO4 anidro em 1 litro de água destilada) e 50 mL da solução B (0,067M KH2PO4; 9,07 gramas de KH2PO4 em 1 litro de água destilada). A solução tampão final é ajustada para pH 6,8

PROCEDIMENTO:

1. Transferir 4-5 mL de expetoração para tubos de centrifugação de plástico. Adicionar igual volume da mistura de digestores NALC. Apertar a tampa de rosca.

2. Homogeneizar a mistura, agitando-a no vórtex durante 15-20 segundos, e deixar repousar à temperatura ambiente durante 15-20 minutos.

3. Adicionar tampão fosfato, pH 6,8, até ao anel superior do tubo, misturar bem.

4. Concentrar o espécime por centrifugação a 2000-3000 g durante 15-20 minutos.

5. Decantar o sobrenadante para um desinfetante fenólico à prova de salpicos

6. Ressuspender o sedimento com 1-2 mL de tampão fosfato e transferir 0,2 -0,4 mL do concentrado para o meio de cultura adequado.

(ii) FLUIDO PLEURAL:[27]

O método do ácido sulfúrico é útil para fluidos corporais que produzem culturas contaminadas.

REAGENTES:

1. Ácido sulfúrico a 4%. (4 ml de ácido sulfúrico em 100 ml de água destilada).

2. Hidróxido de sódio a 4%. (4 gramas em 100 ml de água destilada).

3. Água destilada esterilizada

4. Indicador vermelho de fenol.

PROCEDIMENTO:

1. Transferir 2 - 3 mL da amostra para um tubo de plástico esterilizado.

2. Centrifugar o provete inteiro durante 30 minutos a 3000 g.

3. Decantar o líquido sobrenadante para uma solução de fenol a 5%.

4. Adicionar um volume igual de ácido sulfúrico a 4% ao sedimento.

5. Agitar em vórtex e deixar repousar durante 15 minutos à temperatura ambiente.

6. Encher o tubo até à marca dos 50 ml com água destilada esterilizada.

7. Centrifugar a 3000 g durante 15 minutos e decantar o sobrenadante.

8. Adicionar 1 gota do indicador vermelho de fenol e neutralizar com NaOH a 4% até à formação de uma cor rosa pálido persistente.

9. 0,2 - 0,4 mL do sedimento é inoculado no meio de cultura apropriado.

(iii) PUS:[27]

1. Transferir 2 - 3 mL de pus para um tubo de plástico esterilizado.

2. Proceder de acordo com as etapas (2) a (9), como no caso do líquido pleural.

(iii) BIOPSIA DO NÓDULO LÍMPICO: [27]

1. O material deve ser cortado em pequenos pedaços numa placa de Petri esterilizada com instrumentos esterilizados e transferido para um tubo de plástico esterilizado.

2. A polpa de tecido triturada deve ser suspensa em água destilada estéril/soro fisiológico estéril a 0,85%.

3. Centrifugar a 4000 rpm durante 20 minutos.

4. Proceder de acordo com as etapas (3) a (9), como no caso do líquido pleural.

CULTURA:

1. MEIO DE ÁGAR-SANGUE:

Preparação[6]

250 ml de sangue de carneiro foram misturados com 50 ml de solução de citrato de sódio (3,8%). Misturou-se bem e armazenou-se a 2-8^0 C. Ferveu-se 1000 ml de água desionizada com 44 gramas de base de ágar sangue Columbia e 10 ml de solução de violeta cristalina (0,01%) para dissolver completamente o meio.

Foi esterilizado por autoclavagem a 15 lbs. de pressão (121 °C) durante 15 minutos e arrefecido a 45-50 °C. Foram misturados 70 ml de sangue de carneiro citratado.

Para evitar o crescimento de contaminantes, foram adicionadas duas soluções à amostra: 1) 0,9 ml de solução de nistatina (preparada pela dissolução de 18 mg de nistatina em 9 ml de metanol) e
2) 0,5 ml de solução antibiótica (preparada dissolvendo 88,8 mg de Polimixina-B, 5 mg de trimetoprim e 20 mg de ácido nalidíxico).

O conteúdo foi bem misturado por vórtex durante um minuto e cerca de 12-13 ml foram rapidamente distribuídos por cada um dos tubos de cultura de 30 ml, de fundo plano (frascos McCartney). Estes frascos foram mantidos em posição oblíqua e deixados arrefecer até estarem prontos os slants de ágar-sangue.

Em vez de utilizar placas de Petri, foram utilizadas garrafas McCartney para o ágar-sangue, a fim de evitar a dessecação. Estes frascos foram incubados a 37 °C durante 24 horas para controlo da esterilidade, após o que as placas de ágar-sangue foram armazenadas a 2-8^0 C.

Foram também preparadas lâminas de ágar-sangue com ácido para-nitro-benzoico (500µg/mL). 0,5 g de PNB foi pesado e dissolvido na quantidade mínima de dimetilformamida (~15ml) e adicionado a 1 litro de meio de ágar sangue. O meio foi dispensado em garrafas McCartney num volume de 12-13 mL.

Controlo de esterilidade[27]

Após a preparação, todo o lote de meios dos frascos de meios foi incubado a 35^0 C - 37^0 C durante 24 horas para verificar a esterilidade bacteriana. Após 24 horas, 5% dos declives foram apanhados ao acaso e continuaram a ser incubados durante 14 dias para verificar a esterilidade fúngica.

A preparação acima descrita corresponde a um lote, que consiste em 1070 ml de líquido, o que é suficiente para 100 placas de ágar-sangue.

2 LOWENSTEIN JENSEN MEDIUM:

Para o isolamento primário de Mycobacterium tuberculosis, foram utilizados meios LJ e LJ com ácido para-nitro-benzoico (500µg/mL) preparados internamente [27]

Inocularam-se 50 µL do inóculo concentrado e homogeneizado em slants de LJ simples e em slants de ágar-sangue, em duplicado, bem como num ágar-sangue com PNB e num LJ com PNB, numa cabina de nível de segurança biológica 3, em condições assépticas (Fig. 9).

Os slants inoculados foram incubados a 37 °C durante oito semanas (Fig. 10). Os slants foram observados diariamente quanto ao aparecimento de crescimento macroscópico na primeira semana e duas vezes por semana a partir da segunda semana. Todas as culturas devem ser incubadas a $35\text{-}37^0$ C até se observar crescimento ou ser rejeitadas como negativas após oito semanas.

Os crescimentos observados no meio LJ, bem como nas lâminas de ágar-sangue, e o tempo para o desenvolvimento de colónias macroscópicas nas lâminas de LJ e nas lâminas de ágar-sangue foram monitorizados por exame a olho nu dos frascos McCartney e registados.

3 BACTEC MGIT 960 TB:

Foi utilizado um tubo BBL MGIT (da Becton Dickinson) contendo 7 ml de caldo Middlebrook 7H9. O MGIT PANTA liofilizado (contendo polimixina B, azlocilina, ácido nalidíxico, trimetoprim, anfotericina B) foi reconstituído com o suplemento de crescimento MGIT (contendo ácido oleico, albumina, dextrose, catalase, estearato de polioxietileno) e foram adicionados 0,8 ml desta mistura a cada tubo MGIT antes da inoculação da amostra (Fig. 15).

Foram adicionados 0,5 ml do inóculo obtido após o procedimento de concentração e descontaminação a cada tubo MGIT e os tubos foram incubados no interior do instrumento BACTEC MGIT 960 TB durante 6 semanas (Fig. 16).

O crescimento nos tubos MGIT foi automaticamente detectado pelo instrumento, que é capaz de monitorizar continuamente a fluorescência devida ao crescimento de micobactérias uma vez de 60 em 60 minutos. O instrumento indica automaticamente qualquer crescimento piscando a luz vermelha para indicar tubos positivos. Se não houver crescimento até ao final de 6 semanas, o instrumento indica negativo, piscando a luz verde.

Foram efectuados esfregaços dos tubos positivos do MGIT 960, bem como dos tubos negativos do MGIT 960 que apresentavam algum depósito, e foram inoculados 0,5 ml do caldo em meios de ágar-sangue simples e BA com PNB e em meios LJ simples, LJ com PNB, a partir dos tubos que foram assinalados como positivos pelo instrumento MGIT 960.

CONTROLO DE QUALIDADE (QC):

O controlo de qualidade dos meios de ágar-sangue preparados com e sem PNB e do meio LJ preparado internamente com e sem PNB foi efectuado utilizando a estirpe padrão Mycobacterium tuberculosis H37Rv, obtida do State Tuberculosis centre, Irrumnuma, Hyderebad.

Preparação do inóculo ()[27]

Com uma ansa, retira-se uma amostra de QC H37Rv de aproximadamente 4-5 mg do

e colocadas num frasco McCartney contendo 1 ml de água destilada esterilizada (SDW) e 6 esferas de vidro de 3 mm de diâmetro.

Agitar o frasco em vórtice durante 20-30 segundos; adicionar lentamente 4-5 ml de água destilada sob agitação contínua. Deixar assentar as partículas grosseiras. Decantar cuidadosamente as micobactérias para outro frasco McCartney transparente e esterilizado.

A opacidade da suspensão bacteriana é então ajustada através da adição de água destilada para obter uma concentração de 1 mg/ml de bacilos da tuberculose por comparação com o padrão McFarland n.º 1. O ágar-sangue e o meio LJ foram inoculados com uma ansa do inóculo preparado da estirpe H37Rv.

CONFIRMAÇÃO DO CRESCIMENTO:

O crescimento em ágar-sangue e em meios LJ foi confirmado através da observação de bacilos ácido-rápidos nos esfregaços feitos a partir das colónias e do caldo dos tubos MGIT corados pela coloração de Ziehl Neelsen.

TESTES DE CONTAMINAÇÃO:

A coloração de Gram foi efectuada para detetar/excluir a contaminação bacteriana e a montagem LCB foi efectuada para detetar/excluir a contaminação fúngica nos slants e nos tubos. Os procedimentos foram seguidos de acordo com o protocolo normalizado:

(i) Coloração de Gram:

1. Preparou-se um esfregaço fino a partir da colónia ou do caldo

2. Deixar secar e depois fixar a quente

3. Cobrir o esfregaço com violeta de genciana e deixar repousar durante 1 minuto

4. Lavar com água 5. Cobrir a lâmina com iodo de Gram e deixar atuar durante 1 minuto

6. Lavar com água 7. Descolorante com acetona durante 3-5 segundos

8. Corar com fucsina de Carbol diluída durante 30 segundos

9. Lavar com água, secar ao ar e examinar sob imersão em óleo da objetiva

(ii) Montagem em azul de algodão com lactofenol:

1. Coloca-se uma gota de LCB numa lâmina de vidro limpa e transparente.

2. Foi introduzido um fragmento de colónia com duas agulhas pontiagudas e bem misturado.

3. Aplicar a película de cobertura.

4. Se houver manchas em excesso, remover com papel absorvente.

5. Observar com objectivas de baixa e alta potência para detetar eventuais células de levedura/elementos hifais.

IDENTIFICAÇÃO DE ISOLADOS DE MICOBACTÉRIAS:

As micobactérias devem ser sempre identificadas ao nível da espécie. Os crescimentos obtidos em meio sólido e os tubos MGIT que foram assinalados como positivos pelo instrumento

MGIT foram posteriormente testados quanto à presença de bacilos álcool-ácido rápidos através da coloração de Ziehl Neelsen.

Retira-se uma quantidade muito pequena de crescimento do meio de cultura com uma ansa e esfrega-se suavemente numa gota de solução salina estéril numa lâmina. Nesta altura, deve notar-se a facilidade com que os organismos se emulsionam no líquido.

Preliminarmente, a identificação pode ser feita da seguinte forma

1. Os bacilos da tuberculose não se desenvolvem em cultura primária em menos de uma semana e, normalmente, necessitam de duas a quatro semanas para apresentarem um crescimento visível

2. As colónias de Mtb são rugosas, com o aspeto de pão ralado ou couve-flor. Não são facilmente emulsionadas, mas dão origem a suspensões granulares

3. Microscopicamente, estão frequentemente dispostos em cordões serpentinos de comprimento variável ou apresentam aglomeração linear em meio líquido.

No presente estudo, as culturas positivas foram analisadas através de quatro testes bioquímicos iniciais, ou seja, niacina, nitrato, teste da catalase resistente ao calor (HRCT) e teste do ácido para-nitro-benzoico (PNB) para diferenciar o crescimento em MTBC e NTM (Fig. 11, 12 e 13).

Todos os testes de identificação foram normalizados e monitorizados por controlos positivos e negativos. As estirpes padrão M.smegmatis (ATCC700084), Mycobacterium tuberculosis H37Rv (ATCC 19977) e M.kansasii ATCC 12478 foram obtidas do Centro Estatal de Tuberculose, Irrumnuma, Hyderebad.

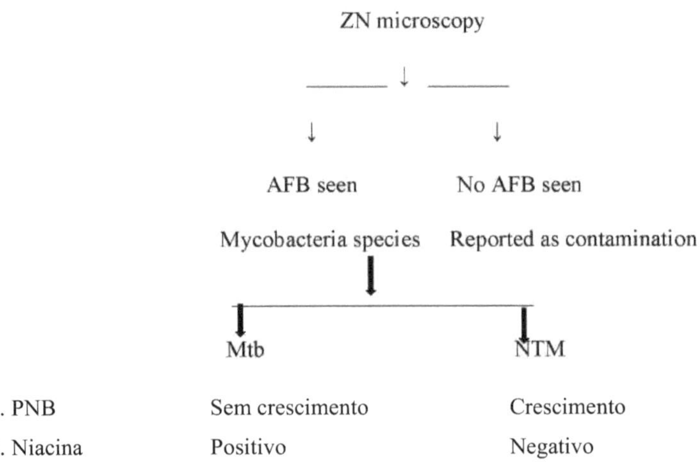

3. Catalase a 68 C^0	Negativo	Positivo
4. Teste de redução de nitratos	Positivo	Negativo
5. Taxa de crescimento	> 7 dias	< 7 dias [(27)]

-

1. CRESCIMENTO EM MEIO DE ÁCIDO PARA-NITRO-BENZÓICO: ()[38]

PRINCÍPIO

O complexo Mycobacterium tuberculosis pode ser diferenciado de todas as outras micobactérias pela sua incapacidade de crescer em meio LJ contendo 500 µg/ml de ácido para-nitro-benzoico.

PROCEDIMENTO:

O ágar-sangue com PNB e o meio LJ com PNB foram inoculados com 50µL do inóculo concentrado e homogeneizado. Os tubos de controlo do crescimento eram ágar-sangue e meio LJ sem qualquer substância inibidora e as lâminas inoculadas foram incubadas a 37^0 C.

LEITURA:

Observar o crescimento no dia 28th . As lâminas PNB não devem ser mantidas para leitura para além do 42nd dia.

RESULTADOS: Ágar sangue / Meio LJ com PNB 500µg/mL

Resistente ao crescimento presente - Micobactérias não tuberculosas

Sem crescimento - Suscetível - Complexo M. tuberculosis

2. TESTE DA NIACINA: ()[38]

PRINCÍPIO - Este teste baseia-se na deteção da presença de ácido nicotínico no meio de cultura. O ácido nicotínico é um intermediário na biossíntese do NAD (dinucleótido de nicotina adenina). No M. tuberculosis, esta via está bloqueada e o ácido nicotínico é excretado no meio de cultura. Este teste diferencia o M. tuberculosis (99,5% da espécie) da maioria das outras micobactérias.

ESPÉCIME: Um crescimento pesado com mais de 3 semanas em ágar LJ e ágar-sangue a ser testado.

MATERIAIS:

1. Brometo de cianogénio a 10% W/V em água destilada.

2. O-toluidina a 1,5%. (1,5 g em 100 ml de álcool etílico)

3. Tubos descartáveis com tampa de rosca.

4. Pipetas de Pasteur.

5. Água destilada num copo.

PROCEDIMENTO:

1. Adicionar 0,5 ml de água destilada estéril a uma cultura com 3 a 4 semanas de idade em ágar LJ e ágar-sangue.

2. Os taludes devem ser autoclavados durante 30 minutos a 15 libras de pressão, numa posição inclinada, de modo a que a água cubra o crescimento bacteriano.

3. Colocar os frascos na vertical durante 5 minutos para permitir que o líquido escorra para o fundo.

4. Retirar 0,25 ml do extrato para um tubo limpo com tampa de rosca.

5. Adicionar sequencialmente 0,25 ml de O-toluidina a 1,5% e 0,25 ml de brometo de cianogénio a 10% e misturar bem.

6. Fechar os tubos e observar a solução para verificar a formação de uma cor rosa.

7. Adicionar 2-3 ml de NaOH a 4% a cada tubo e deitar fora.

CONTROLOS DE QUALIDADE:

O controlo do reagente em meio não inoculado - Controlo negativo

M.tuberculosis H37Rv -Controlo positivo

RESULTADO:

Sem cor ou precipitado branco - Reação negativa

Cor rosa a vermelho - Reação positiva

3. ENSAIO DA CATALASE A 680C: ()[38]

PRINCÍPIO: A catalase divide o peróxido de hidrogénio em água e oxigénio. A evolução do oxigénio aparece sob a forma de bolhas. Certas formas de catalase são inactivadas por aquecimento a 68^0 C durante 20 minutos, uma caraterística valiosa para identificar a Mycobacterium tuberculosis.

ESPÉCIME:

Colónia madura de uma espécie desconhecida de Mycobacterium recuperada de material clínico, cultivada em ágar-sangue e meio Lowenstein Jensen.

MATERIAIS:

1. 68^0 C Banho de água

2. Peróxido de hidrogénio a 30%.

3. 10% Tween 80 (10 ml de Tween 80 em 100 ml de água destilada e autoclavada)

4. Tampão fosfato 0,067M

5. LJ slants e ágar-sangue slants.

PROCEDIMENTO:

- Adicionar 0,5 ml de tampão fosfato 0,067 estéril a cada tubo.

- Inocular o tampão com uma pá cheia de crescimento de uma subcultura em crescimento ativo do organismo a testar

- Emulsionar a cultura no tampão.

- Incubar os tubos num banho-maria a 68^0 C durante exatamente 20 minutos.

- Adicionar 0,5 ml de ágar recém-preparado Tween 80 - reagente de peróxido de hidrogénio

- Deixar os tubos repousar à temperatura ambiente durante 20 minutos

- Observar visualmente a evolução das bolhas

RESULTADOS:

O aparecimento de bolhas indica um teste positivo

A falta de bolhas é uma reação negativa.

4. ENSAIO DE REDUÇÃO DE NITRATOS: ()[38]

PRINCÍPIO: Este teste detecta a capacidade das micobactérias para reduzir o nitrato a nitritos.

ESPÉCIME: Uma cultura do organismo em estudo com 3-4 semanas de idade, crescendo em meio LJ e em ágar-sangue.

MATERIAIS:

1. Nitrato de sódio, $NaNO_3$.

2. Fosfato monopotássico, KH_2PO_4.

3. Fosfato dissódico, Na2HPO4M2H2O.

4. Conc. Ácido clorídrico.

5. Sulfanilamida a 0,2%. (0,1 gm em 50 ml de água desionizada)

6. 0,1% de dicloridrato de N-naftil etileno diamina (0,05 g em 50 ml de água desionizada) 7. Água destilada.

8. Pó de zinco.

9. Banho de água.

PROCEDIMENTO:

- Emulsionar duas alças de crescimento bacteriano em 0,2 ml de água destilada; em seguida, adicionar 2 ml do meio de substrato.

- Incubar a 37°C durante duas horas.

- Adicionar a cada tubo, em sequência, uma gota de reagente Conc. HCl, duas gotas do reagente Sulfanilamida a 0,2% e duas gotas do reagente Dihidrocloreto de n-naftileno diamina a 0,1%.

CONTROLOS DE QUALIDADE:

Um tubo inoculado com M.smegmatis - Controlo negativo

Um tubo inoculado com M. tuberculosis - Controlo positivo

RESULTADO:

1. O desenvolvimento de uma cor vermelha indica uma reação positiva. Os resultados são comparados com

(-) a 5+ e a intensidade da cor variando de +1 a +5 foi considerada positiva (Fig. 14).

2. Para confirmar um resultado negativo, adicionar uma pequena quantidade de pó de zinco a cada tubo. Se se desenvolver uma cor vermelha, o resultado é negativo.

As MNT foram ainda identificadas ao nível das espécies através de testes bioquímicos, ou seja, teste de hidrólise de Tween e crescimento em ágar MacConkey .[(39)]

1. ENSAIO DE HIDRÓLISE DO TWEEN 80: ()[13]

PRINCÍPIO: As lipases produzidas por algumas espécies de micobactérias hidrolisam o detergente monooleato de polioxietileno sorbitano (Tween 80) em ácido oleico e polioxietileno sorbitol.

O vermelho neutro no meio de teste de pH 7 está ligado ao Tween 80 e tem uma cor âmbar a um pH neutro. Se o Tween 80 for hidrolisado, o vermelho neutro deixa de estar ligado e volta à sua cor vermelha habitual a pH 7.

ESPÉCIME: Colónia madura da espécie desconhecida de Mycobacteria recuperada de crescimento em ágar-sangue ou meio LJ.

MATERIAIS:

1. Garrafas McCartney

2. Tween 80

3. Tampão fosfato 0,067M

4. 1% de vermelho neutro (1gm em 100ml de água destilada)

5. LJ slants e ágar-sangue slants.

PROCEDIMENTO:

-A solução de substrato consiste em 0,5 mL de Tween 80 em 100 mL de tampão fosfato 0,067M (pH 7,0), ao qual se adicionam 2 mL de uma solução aquosa a 1% de vermelho neutro.

-A solução é dispensada em frascos McCartney em quantidades de 4 ml e autoclavada.

Um punhado de bactérias é suspenso num tubo e incubado a 37 C^0

CONTROLO DE QUALIDADE:

Controlo negativo - Mycobacterium ATCC 19977 H37Rv

Controlo positivo - M.kansasii ATCC 12478

RESULTADOS:

Uma mudança de cor de âmbar para rosa ou vermelho é registada após 24 horas e 5 e 10 dias de incubação como uma reação positiva.

2. CRESCIMENTO DO AGAR MacCONKEY: ()[13]

As NTM com taxa de crescimento <7 dias têm a capacidade de crescer em ágar Mac

Conkey. As colónias aparecem como lisas, em forma de cúpula, que podem ter uma ligeira pigmentação cor-de-rosa.

TESTES MOLECULARES:

Foi efectuada uma validação adicional da identificação do crescimento em ágar-sangue utilizando o GENOTYPE MTBDR plus, a fim de confirmar o crescimento de Mtb.

Metodologia: ()[40]

O ensaio genotípico MTBDR plus, um ensaio de teste de tira de ADN multiplex PCR disponível no mercado (HainsLifescience, Nehren, Alemanha), concebido para detetar a identificação genética molecular do complexo Mycobacterium tuberculosis e a sua resistência à rifampicina e/ou à isoniazida a partir de amostras cultivadas ou de amostras positivas de esfregaços pulmonares.

Procedimento: Divide-se em 3 etapas

1. Extração de ADN
2. Uma amplificação multiplex com iniciadores biotinilados.
3. Hibridação inversa.

1. EXTRACÇÃO DE ADN:

1. 1 ou 2 colónias são suspensas em 500µl de água de grau molecular (água desionizada) e a emulsão é feita por vórtex / pipetagem.

2. Centrifugar a 10.000 rpm durante 15 minutos.

3. Deitar fora o sobrenadante.

4. Adicionar 100 µl de tampão de lise ao sedimento.

5. Misturar por vórtex / pipetagem.

6. Incubar durante 5 minutos a 95^0 C num forno de ar quente.

7. Adicionar 100 µl de tampão de neutralização.

8. Centrifugar à velocidade máxima (10.000xg) durante 5 minutos.

9. Transferir o sobrenadante para um novo tubo eppendorf.

10. São utilizados 5 µl do sobrenadante para a PCR.

2. AMPLIFICAÇÃO:

A mistura de amplificação ou mistura principal (45µl) é preparada numa sala livre de ADN ou numa sala de mistura principal. A amostra de ADN deve ser adicionada numa sala separada.

A mistura de amplificação contém 2 reagentes:

(a) AM - A - contém Tampão, $MgCl_2$, H_2O, Taq Polimerase.

(b) AM - B - Contém Primer Nucleotide Mix - PNM.

Mistura por tubo:

- 10 µl de AM - A e 35 µl de AM - B.

- Adicionam-se 5 µl de ADN extraído a 45 µl de mistura de amplificação na campânula de PCR (Fig. 8).

Perfil de amplificação:

Tempo	Temp.	Amostras de cultura
1. 15 minutos	95 C^0	1 ciclo.
2. 30 segundos	95 C^0	10 ciclos
3. 2 minutos	65 C^0	10 ciclos
4. 25 segundos	95 C^0	20 ciclos
5. 40 segundos	50 C^0	20 ciclos
6. 40 segundos	70 C^0	20 ciclos
7. 8 minutos	70 C^0	1 ciclo

3. HIBRIDIZAÇÃO

A hibridação inversa e a deteção foram efectuadas num dispositivo automático de lavagem e agitação GT Blot 48 versão 2.0, que permite o processamento automático de 48 amostras de uma só vez.

- Primeiro, calça luvas novas e depois a bata de laboratório.

- Descontaminar a área de trabalho com solução de hipoclorito de sódio a 0,5% recentemente diluída .[n]

- Pré-aquecer HYB e STR a 45^0 C e RIN e água destilada à temperatura ambiente.

- Diluir recentemente CON-C e SUB-C 1:100 no respetivo tampão de diluição.

As soluções são ligadas ao instrumento GT Blot através de tubos de rigor, onde as soluções são automaticamente dispensadas nos poços do tabuleiro antes do procedimento e aspiradas do tabuleiro após a realização do respetivo procedimento.

Os passos da hibridação são os seguintes:

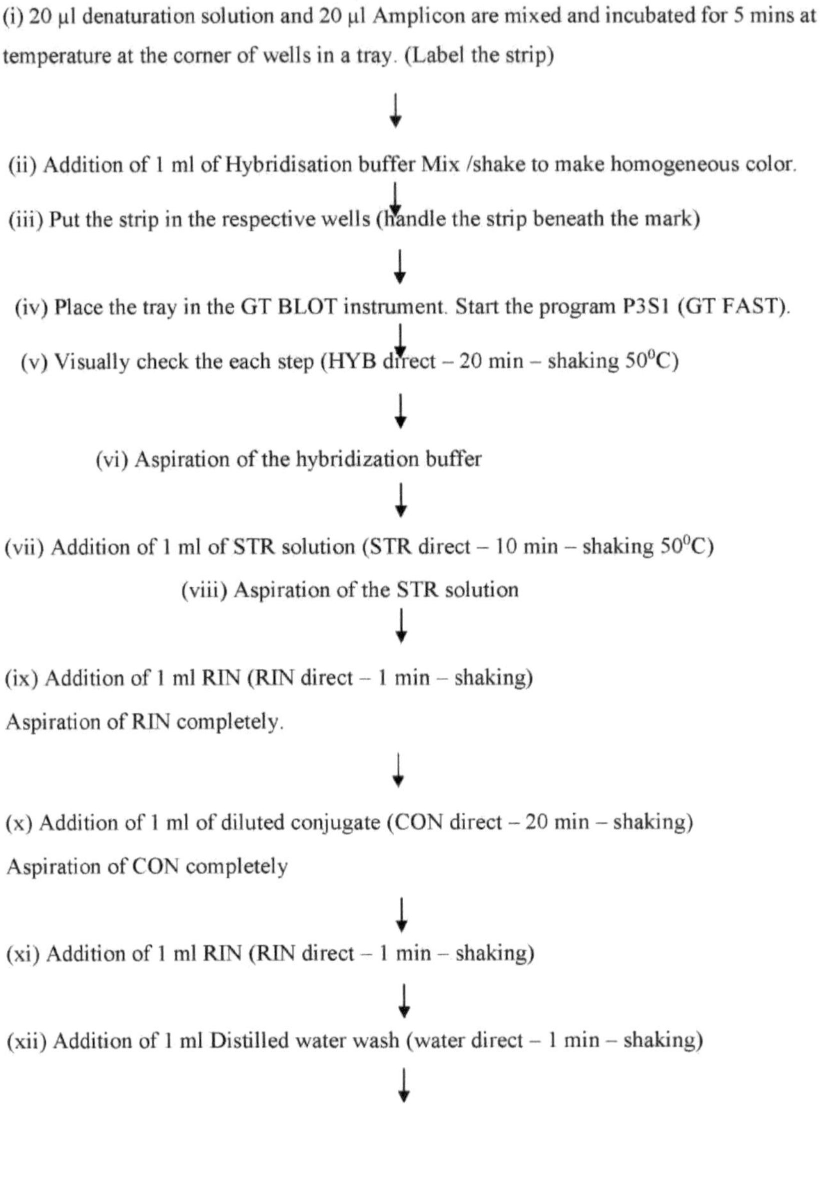

(xiii) Add 1 ml of Substrate (SUB direct 5-10min – stationary)

Removal of the substrate completely

↓

(xiv) Stopping of the reaction by addition of 1 ml D.Water wash - 1min

↓

(xv) Removal of strips and dried on absorbent paper and stick the strips on evaluation sheet

↓

(xvi) Interpret the result

Os passos de hibridação acima referidos, ou seja, dos passos (v) a (xiv), são automaticamente controlados e conduzidos pelo instrumento GT Blot Versão 2.0. As tiras de papel são retiradas manualmente do poço e secas em papel absorvente.

AVALIAÇÃO E INTERPRETAÇÃO DOS RESULTADOS:

Colar as tiras desenvolvidas nos campos designados, alinhando as bandas CC e AC com as respectivas linhas na folha de avaliação.

(a) CONTROLO CONJUNTO:

Nesta zona, deve desenvolver-se uma linha que documenta a eficácia da ligação do conjugado e da reação do substrato.

(b) CONTROLO DA AMPLIFICAÇÃO:

Quando o teste é realizado corretamente, desenvolve-se um produto de amplificação de controlo na zona de controlo de amplificação, o que significa que se pode excluir a transferência de inibidores de amplificação e erros durante a preparação e realização da reação de amplificação.

(c) Complexo M. tuberculosis (TUB):

A presença de uma banda na zona TUB indica que a bactéria testada pertence ao complexo M.tuberculosis.

O estudo foi aprovado pelo comité de ética do Osmania Medical College, Koti, Hyderabad.

Capítulo 5

RESULTADOS

Table 3: Age wise distribution of Cases

Age Group	No. of Males	No. of Females	PERCENTAGE
<20	3 (4.28%)	3 (10%)	6 (6%)
20 - 40	23 (32.85%)	16 (53.33%)	39 (39%)
41 - 60	35 (50%)	11 (36.66%)	46 (46%)
>60	9 (12.85%)	-	9 (9%)
TOTAL	70	30	100

A maioria da população do estudo, ou seja, 46%, encontrava-se entre os 41 e os 60 anos, seguindo-se os que se encontravam entre os 20 e os 40 anos, que representavam 39% da população do estudo

Table 4: Sex wise distribution of cases

SEX	No. of cases	PERCENTAGE
Male	70	70%
Female	30	30%
TOTAL	100	100%

Dos 100 doentes incluídos no estudo, 70 eram do sexo masculino e 30 do sexo feminino.

O rácio entre homens e mulheres é de 2,333: 1

Table 5: Results of demonstration of AFB by Ziehl Neelsen staining

Samples	No. of cases	No. of AFB Positives
(A) PULMONARY		
1. Sputum	95	19
(B) EXTRA PULMONARY		
1.Pleural fluid	3	1
2.Lymph node	1	-
3.Pus	1	1
TOTAL	100	21

Das 100 amostras, 95 eram amostras de expetoração, das quais 19 eram AFB positivas pela coloração de ZN e 5 eram amostras extra-pulmonares, incluindo 3 de líquido pleural, 1 de gânglio linfático e 1 de pus, das quais 2 eram AFB positivas pela coloração de ZN.

Table 6: Correlation of age with positivity of smears

Age	No. of cases	ZN stain positive	Percentage
<20	6	1	16.66%
20 - 40	39	11	28.2%
41 - 60	46	8	17.39%
>60	9	1	11.11%
TOTAL	100	21	21%

Verificou-se que a taxa de positividade da coloração ZN era máxima no grupo etário dos 20-40 anos (28,2%), seguida do grupo etário dos 41-60 anos (17,39%).

Table 7: Distribution of cases according to grading of smear microscopy

Age	ZN stain positive	Smear grading		
		+1	+2	+3
<20	1	1	-	-
20 - 40	11	4	6	1
41 - 60	8	1	3	4
> 60	1	1	-	-
TOTAL	21	7 (33.33%)	9 (42.85%)	5 (23.8%)

Das 21 amostras de esfregaço positivas, 7 (33,33%) doentes tinham uma classificação +1, enquanto 9 (42,85%) tinham uma classificação +2 e os restantes 5 (23,8%) tinham uma classificação +3.

Os doentes com classificação de esfregaço +1 e +2 predominaram no grupo etário dos 20 - 40 anos, enquanto a classificação de esfregaço +3 foi observada no grupo etário dos 40 - 60 anos.

Table 8: HIV and Tuberculosis Co-Infection

		HIV status		
Smear status		Positive	Negative	TOTAL
	Positive	5	16	21
	Negative	9	70	79
	TOTAL	14	86	100
Culture status		Positive	Negative	TOTAL
	Positive	7	12	19
	Negative	7	74	81
	TOTAL	14	86	100

Dos 100 casos clinicamente suspeitos de TB, 14 (14%) eram seropositivos, dos quais 5 (35,71%) tinham baciloscopia positiva e os restantes 11 (78,57%) tinham baciloscopia negativa.

Dos 14 casos positivos para o VIH, 7 (50%) tinham cultura positiva e os restantes 7 (50%) tinham cultura negativa.

(Table /Fig 9): Performance of different culture types

Total no. of samples (n=100)	BA(n=34)	LJ(n=30)	MGIT(n=38)	Any culture positive(n=39)
Origin of Samples				
Sputum(n=95)	32	29	36	37
Pleural fluid(n=3)	1	1	1	1
Pus(n=1)	1	0	1	1
Lymph node(n=1)	0	0	0	0
Smear positive(n=21)				
Number of culture positive	19	16	21	21
Contaminated samples	0	0	0	0
NonTuberculousMycobacteria	0	0	0	0
Smear Negative(n=79)				
Number of culture positive	15	14	17	18
Contaminated samples	2	6	12	-
NonTuberculousMycobacteria	3	1	2	-
Sensitivity	87.17%	76.9%	97.3%	-

Cerca de 21 casos eram positivos para AFB, dos quais 19 apresentaram crescimento em BA, 16 em meio LJ e 21 em BACTEC MGIT 960. Dos 79 casos com baciloscopia negativa, 15 apresentaram crescimento em BA, 14 em LJ e 17 em MGIT 960. O M. tuberculosis foi isolado de 39 amostras no total, com sensibilidades de 87,17% (34 de 39) para BA, 76,9% (30 de 39) para LJ e 97,3% (38 de 39) para BACTEC MGIT 960 .

(Table /Fig10): Duration of incubation for isolation of Mycobacterium tuberculosis on Blood Agar, Lownstein Jensen and MGIT 960:

Duration of incubation(days)	Blood agar – No. of isolates	LJ – No. of isolates	BACTEC MGIT 960-No. of isolates
1 – 7	-	-	2
8 – 14	25	-	30
15 – 21	9	2	6
22 – 28	-	17	-
29 – 35	-	10	-
36 – 42	-	1	-
TOTAL	34	30	38

O tempo mínimo de crescimento do M. tuberculosis foi de oito dias em BA, 21 dias em LJ e seis dias em MGIT 960. O tempo máximo foi de 18 dias em BA, 36 dias em LJ e 16 dias em MGIT 960.

Table11:Comparison Of Rate of Contamination between Blood Agar, Lowenstein Jensen medium and BACTEC MGIT medium

S/No.	Type of medium	Contamination			TOTAL	Percentage
		Fungal	Bacterial			
			GPC	GNB		
1.	BA medium	2	-	-	2	2%
2.	LJ medium	4	-	2	6	6%
3.	MGIT 960	6	2	4	12	12%

Em 2 (2%) casos, os contaminantes cresceram em ágar-sangue, sendo que ambos eram contaminação fúngica.

Assim, a taxa de contaminação foi de 2%.

6 casos cresceram como contaminação em meio LJ, dos quais 4 eram fúngicos e os restantes 2 eram GNB. A taxa de contaminação foi de 6%.

12 casos cresceram como contaminação em garrafas BACTEC MGIT, dos quais 6 eram fúngicos, 2 eram GPC e 4 eram GNB.

(Table 12): Correlation of specificity, positive predictive value, negative predictive value of Blood agar in compared to Lowenstein Jensen and BACTEC MGIT 960.

	Blood agar when compared to Lowenstein Jensen medium	Blood agar when compared to BACTEC MGIT 960.
Specificity	100%	97.06%
Positive predictive value	100%	92.42%
Negative predictive value	94.29%	86.84%

A especificidade, o valor preditivo positivo e o valor preditivo negativo do BA foram de 97,06%, 92,42% e 86,84% quando comparados com o BACTEC MGIT 960. A especificidade, o valor preditivo positivo e o valor preditivo negativo do BA, quando comparado com o LJ, foram de 100%, 100% e 94,29%, respetivamente.

(Table 13): Comparison of results of culture between Blood agar and Lowenstein Jensen medium

	Blood agar culture positive	Blood agar culture negative
LJ culture positive	30	0
LJ culture negative	4	66

X^2 = 79,04; valor p = <0,001.

Trinta isolados foram positivos em cultura tanto no meio BA como no meio LJ, para além de que o meio BA conseguiu isolar 4 casos que foram negativos no meio LJ.

(Table 14): Comparison of results of culture between Blood agar and BACTEC MGIT 960

	Blood agar culture positive	Blood agar culture negative
BACTEC MGIT 960 positive	33	5
BACTEC MGIT 960 negative	1	61

X^2 = 72,51; valor p= <0,001

O MGIT conseguiu isolar 5 M. tuberculosis adicionais que eram negativos para cultura em BA. No entanto, houve um isolado que foi negativo pelo BACTEC MGIT 960 mas positivo para cultura em BA.

Table 15: Correlation between BA culture positive cases and Genotypr MTBDR plus

Smear status	Culture status	PCR	
		MTBC Detected	MTBC not detected
Smear Positive (n=21)	BA culture positive(n=19)	19	-
Smear Negative(n=79)	BA culture Positive (n=18)	15	3
TOTAL		34(91.89%)	3 (8.1%)
		37	

Dos 37 casos de cultura positiva em ágar-sangue, 34 (91,89%) amostras apresentaram a banda TUB no ensaio Genotype MTBDR plus versão 2.0, confirmando assim os isolados pertencentes ao complexo MTB, dos quais 19 eram provenientes de amostras com esfregaço positivo e 15 de amostras com esfregaço negativo.

Os restantes 3 (8,1%) casos positivos de cultura em ágar-sangue não apresentaram qualquer banda TUB no ensaio Genotype MTBDR Plus versão 2.0, confirmando assim que os isolados eram NTM.

Table 16: Isolation of Mtb and NTM

Type of Isolate	**Blood agar – No. of isolates**	**LJ medium – No. of isolates**	**BACTEC MGIT 960 TB – No. of isolates**
Mycobacterium tuberculosis(Mtb)	34 (91.89%)	30 (93.75%)	38 (95%)
NTM	3 (8.1%)	2 (6.25%)	2 (5%)
TOTAL	37 (100%)	32 (100%)	40 (100%)

Dos 37 isolados cultivados em ágar sangue, 34 (91,89%) foram identificados como Mtb, enquanto 3 (8,1%) foram identificados como NTM

Dos 32 isolados cultivados em meio LJ, 30 (93,75%) foram identificados como Mtb, enquanto 2

(6,25%) foram identificados como NTM

Dos 40 isolados recuperados do BACTEC MGIT 960, 38 (95%) foram identificados como Mtb, enquanto 2 (5%) foram identificados como NTM.

Table 17: Differentiation among Non – Tuberculous bacteria

S/No.	Identification tests	Isolates recovered / Total isolates grown on BA (3)	Isolates recovered / Total isolates on LJ (2)	Isolates recovered / Total isolates by BACTEC MGIT (2)
1.	Growth in medium containing PNB	3	2	2
2.	Tween hydrolysis test (10 days)	1	1	1
3.	Niacin test	-	-	-
4.	Nitrate reduction test	1	1	1
5.	Catalase test at 68^0C	-	-	-
6.	Rate of Growth (a)Growth < 7 days (b)Growth >7 days	 3 -	 2 -	 2 -
7.	Growth on Mac Conkey agar	3	2	2

Dos 37 isolados que cresceram em BA, 3 foram identificados como NTM que cresceram em meios contendo BA com PNB, a sua taxa de crescimento foi <7 dias, as colónias eram acinzentadas, confluentes e húmidas, negativas para a niacina e a catalase a 68^0 C e 1 dos 3 foi positivo para o teste de redução do nitrato, pelo teste de hidrólise de Tween, do qual 1 foi positivo e pelo crescimento em MacConkey, do qual todos os 3 apresentaram crescimento.

Dos 32 isolados em LJ, 2 foram identificados como NTM que cresceram em LJ contendo PNB, a sua taxa de crescimento foi <7 dias, negativos para niacina e catalase a 68^0 C, pelo teste de hidrólise de Tween, do qual 1 foi positivo, e pelo crescimento em ágar MacConkey, do qual todos os 3 apresentaram crescimento.

Dos 40 isolados assinalados como positivos pelo sistema BACTEC MGIT 960 TB, 2 foram identificados como NTM que cresceram em meios contendo PNB, a sua taxa de crescimento foi <7 dias, negativos para niacina e catalase a 68^0 C, 1 de 2 foi positivo para o teste de redução de nitratos, pelo teste de hidrólise de Tween, do qual 1 foi positivo, e pelo crescimento em ágar MacConkey, do qual todos os 3 apresentaram crescimento.

Com base nos testes bioquímicos acima referidos, 3 isolados obtidos em ágar-sangue eram 2 Mycobacteria chelonae e 1 Mycobacteria fortuitum, 2 isolados obtidos em meio LJ e BACTEC MGIT 960 TB eram 1 Mycobacteria chelonae e 1 Mycobacteria fortuitum.

Capítulo 6

DISCUSSÃO

A tuberculose é uma doença mais comum nos países em desenvolvimento. O diagnóstico precoce e o tratamento eficaz dos casos em aberto têm sido a tónica dos programas de controlo da tuberculose em todo o mundo e a aplicação de um protocolo de tratamento eficaz é a medida mais importante para evitar a propagação da doença na população.

A este respeito, o exame direto do esfregaço através da coloração ZN tem sido a espinha dorsal de qualquer programa de controlo da tuberculose. Mas o inconveniente do exame de baciloscopia ZN é a sua baixa sensibilidade.

As culturas convencionais no meio LJ, embora sejam o padrão de ouro, têm a desvantagem inerente do tempo que é necessário para observar o crescimento. Isto pode levar a um atraso no início do tratamento, facilitando a propagação da doença, ou levar a um tratamento desnecessário das infecções não pulmonares. Por conseguinte, é necessário um método que seja fácil de preparar e aplicar, que utilize meios pouco dispendiosos e que tenha a vantagem de um tempo de execução mais curto.

O presente estudo foi efectuado com o objetivo de realçar as vantagens da utilização de ágar-sangue em lâminas, uma vez que pode ser preparado a baixo custo e é o meio preparado por rotina no laboratório para o isolamento primário de Mtb a partir de casos clinicamente suspeitos de tuberculose, e também para comparar a sensibilidade do ágar-sangue com o meio LJ e o MGIT 960. Também foi feita uma tentativa de isolar NTM adicionando PNB ao ágar-sangue e ao meio LJ.

Para efeitos do estudo, foram selecionados apenas casos clinicamente suspeitos de tuberculose. Foram excluídos do estudo todos os casos que já se encontravam em tratamento anti-tuberculoso ou cuja tuberculose tivesse sido confirmada por qualquer uma das técnicas microbiológicas.

Isto ajudou-nos a testar as lâminas de Ágar Sangue de forma mais realista para avaliar a sua utilização como meio de isolamento primário para o Mtb e a certificarmo-nos de que não havia qualquer enviesamento relativamente aos resultados durante o processamento da amostra.

CARACTERÍSTICAS DOS DOENTES:

IDADE:

O doente mais novo incluído no grupo de estudo tinha 13 anos e o doente mais velho tinha 85 anos. A idade média foi de 43,9 anos para o sexo masculino e de 33,6 anos para o sexo feminino.

A maioria dos doentes pertencia ao grupo etário dos 41 - 60 anos (46%), que incluía 35 homens (50%) e 11 mulheres (36,66%), seguido do grupo etário dos 20 - 40 anos (39%), que incluía 23 homens (32,85%) e 16 mulheres (53,33%).

Os nossos resultados foram semelhantes aos de P.Rajarao et al(41) (2013), que referiram que 46,5% da sua população de estudo pertencia ao grupo etário dos 41 aos 60 anos. Outro estudo realizado por Arya et al(42) (2013) também referiu que 46,4% da sua população de estudo pertencia ao grupo etário dos 41 aos 60 anos.

SEXO:

Dos 100 doentes incluídos no nosso estudo, 70 eram do sexo masculino e 30 do sexo feminino, com um rácio global de 2,33: 1

Os nossos resultados no presente estudo foram comparáveis aos de Mukherjee et al(43) (2012), que referiram que, no seu estudo, o rácio de homens: mulheres era de 2,25: 1. Outro estudo, Bawri S et al(44) (2008), também relatou uma proporção de homens: mulheres de 3: 1 em seu estudo.

MICROSCOPIA:

O exame de esfregaço após coloração é o método mais eficaz para a deteção precoce de bacilos álcool-ácido rápidos, mesmo após o desenvolvimento de tecnologia avançada. Uma vez que a cultura do Mtb é um procedimento moroso, o tratamento inicial dos indivíduos suspeitos de terem tuberculose baseia-se nos resultados do exame microscópico das amostras clínicas.

No nosso estudo, de um total de 100 casos, foi possível demonstrar a presença de bacilos ácido-rápidos em 21 casos (21%) através da coloração padrão de Ziehl Neelsen. A positividade da coloração padrão de Ziehl Neelsen é relatada nos seguintes estudos

Sl No.	Author	Year	Sensitivity	Reference No.
1.	Upasana et al	2014	10.66%	46
2.	Balakrishna J et al	2013	18.5%	47
3.	Niladri et al	2013	33%	49
4.	Narayana Srihari et al	2012	12.32%	48
5.	Hemavathi et al	2012	23.18%	45
6.	S Rishi et al	2007	28%	50
7.	Present Study	2014	21%	-

Os estudos acima referidos mostraram diferenças nas sensibilidades da positividade do esfregaço através da coloração com ZN. A nossa sensibilidade no estudo é quase comparável à do estudo de Hemavathi et al[(45)] e superior à de outros estudos como Upasana et al[(46)] , Balakrishna J et al[(47)] , Narayana et al .[(48)]

Vários factores técnicos e relacionados com o doente podem afetar a sensibilidade da microscopia direta de esfregaço, tais como (1). Número e tipo de amostras colhidas, (2). Duração do estudo efectuado, (3). Prevalência da tuberculose em diferentes áreas geográficas.

(a) Em Upasana et al[(46)] , de Hyderabad, foram analisadas 300 amostras de expetoração (colheita de 48 horas) num período de 3 meses, das quais apenas 32 (10,66%) eram positivas, (b) em Balakrishna J[(47)] et al, de Nandyal, foram analisadas 200 amostras de expetoração (colheita de 72 horas) num período de 6 meses, das quais apenas 37 (18,5%) eram positivas para AFB5%) foram positivas para AFB (c) Narayana Shrihari et al[(48)] de Bellary consideraram um total de 2362 amostras (colheita matinal) num período de 10 meses, das quais apenas 291 (12,32%) foram positivas para AFB, o que explica que a sensibilidade da coloração ZN positiva do esfregaço seja inferior à do presente estudo.

Enquanto que (a) Niladri et al[(49)] , de Bengala Ocidental, analisaram amostras de expetoração de 100 novos casos sintomáticos de tuberculose pulmonar num período de 3 anos, dos quais apenas 33 (33%) foram considerados positivos para AFB, (b) Hemavathi et al[(45)] , de Bangalore, incluíram um total de 220 suspeitas clínicas de tuberculose pulmonar, das quais 51 amostras (23,18%) foram consideradas positivas pela coloração AFB.18%) foram consideradas positivas pela coloração de AFB, (c) S Rishi et al[(50)] de Jaipur incluíram 500 amostras clínicas das quais 140 (28%) foram positivas para AFB.

Em todos os estudos acima referidos, foram feitos esfregaços diretos das amostras e corados por Ziehl Neelsen antes do procedimento de digestão e descontaminação, tendo sido tentado um procedimento semelhante no presente estudo.

A sensibilidade global da coloração de ZN em todos os estudos supramencionados, incluindo o presente estudo, é inferior (10-33%) porque as amostras colhidas nos estudos supramencionados são de casos suspeitos de tuberculose encaminhados para DOTS que cumprem os critérios especificados no estudo.

Além disso, no nosso estudo, com o aumento da idade, a taxa de notificação entre os homens aumentou, com a taxa de notificação mais elevada observada no grupo etário dos 41 - 60 anos (50%), enquanto nas mulheres a taxa de notificação mais elevada foi observada no grupo etário dos 21 - 40 anos (53,33%).

Os resultados acima referidos foram semelhantes aos de Sukesh Rao et al[(51)] (2009), em que as taxas de notificação foram mais elevadas nas mulheres no grupo etário dos 21 aos 40 anos (40%) no seu estudo, enquanto nos homens (38%) foi no grupo etário dos 41 aos 60 anos.

ISOLAMENTO DE MYCOBACTERIA TUBERCULOSIS EM ÁGAR SANGUE

Uma vez que a comparação do meio de ágar-sangue para a deteção de Mtb com métodos convencionais e automatizados em condições de diagnóstico de rotina foi algo limitada, considerou-se desejável uma avaliação mais exaustiva.

Assim, incluímos também revistas, desde o início da utilização do ágar-sangue até às revistas mais recentes, de modo a comparar os resultados com o presente estudo.

(i) Taxa de isolamento:

O presente estudo foi efectuado com o objetivo de avaliar a viabilidade do meio ágar sangue de carneiro a 7% para detetar Mtb em casos clinicamente suspeitos de tuberculose e também o tempo necessário para detetar Mtb foi significativamente mais curto quando comparado com o meio LJ.

No nosso estudo, dos 21 casos que eram AFB positivos por microscopia de esfregaço, 19 apresentaram crescimento em placas de ágar-sangue, dos quais 17 eram amostras de expetoração e 2 eram amostras extra-pulmonares, ou seja, 1 pus e 1 líquido pleural.

Além disso, as lâminas de ágar-sangue revelaram 18 casos como cultura positiva dos 79 casos que eram AFB negativos por microscopia de esfregaço.

O presente estudo registou uma taxa de isolamento global de 37%, que incluiu 34 casos de Mtb e 3 casos negativos para Mtb e positivos para NTM.

As taxas globais de isolamento registadas noutras revistas são as seguintes

S/No	Author	Year	Rate of isolation	Reference No.
1.	Tarshi's et al	1953	93.6 %	22
2.	Dunlop et al	1955	87.5 %	53
3.	M. Drancourt et al	2007	98.9 %	51
4.	Aruna Solanki et al	2007	94.2 %	7
5.	Murli L Mathur et al	2009	94.2 %	6
6.	LuqmanSatti et al	2012	90 %	26
7.	Shidika et al	2013	94.2 %	54
8.	Present study	2014	37 %	-

No que diz respeito às taxas de isolamento, estudos como o de Mathur et al, M[6] Drancourt et al[51] , Luqman satti et al[26], Dunlop et al[53] , Tarshis et al[22] , Aruna Solanki et al[7] apresentam taxas de isolamento elevadas porque (1) incluíram apenas casos de tuberculose pulmonar com baciloscopia positiva (2) foi considerada a recolha de amostras de expetoração durante 72 horas. (3) O número de amostras foi diferente em cada um dos estudos.

Em Tarshis et al[22] (1952), foram recolhidas amostras de expetoração de 72 horas de 1012 casos confirmados de doentes tuberculosos. Mathur et al[6] (2009) incluíram apenas amostras de expetoração com baciloscopia positiva de um total de 70 casos confirmados de tuberculose pulmonar.

Em Luqman Satti et al[26] (2012), 70 das amostras de expetoração eram de doentes

diagnosticada clínica e radiologicamente, juntamente com um esfregaço positivo de bacilos álcool-ácido resistentes (AFB).

Shidika et al[54] incluíram no estudo um total de 250 doentes clinicamente suspeitos. Foram colhidas amostras de expetoração de 72 horas de acordo com o protocolo padrão (OMS, 1998).

No nosso estudo, a recolha de amostras de expetoração durante 48 horas foi considerada com base nas diretrizes publicadas pela Divisão Central da TB, pela Associação Médica Indiana e pela OMS-Índia em dezembro de 2010, tendo sido utilizados tanto casos com baciloscopia positiva como casos com baciloscopia negativa, bem como casos pulmonares e extra-pulmonares.

No presente estudo, se considerarmos apenas as amostras positivas de esfregaço, excluindo os casos negativos de esfregaço, então a taxa de isolamento de Mtb entre os casos positivos de esfregaço seria de 90,5%.

No nosso estudo, entre 21 casos de esfregaço positivo que foram inoculados, apenas 19 (90,5%) apresentaram crescimento em ágar-sangue, incluindo 17 amostras de expetoração, 1 pus e líquido pleural. 2 casos não foram detectados no ágar-sangue, que eram de classificação de esfregaço +1 e ambos eram amostras de expetoração.

Entre 79 casos negativos de esfregaço, o ágar-sangue conseguiu isolar 18 casos positivos de cultura que incluíam apenas amostras de expetoração (23,68%). Assim, pode inferir-se que o ágar-sangue tem uma vantagem definitiva sobre o exame de esfregaço direto.

<u>(ii) Duração do isolamento:</u> A duração média global do isolamento no presente estudo em ágar-sangue é de 13,2 dias.

No nosso estudo, a duração média do isolamento de micobactérias em ágar-sangue para os casos com esfregaço positivo foi de 13,15 dias e para os casos com esfregaço negativo foi de 15,42 dias.

O tempo mais curto que o Mtb demorou foi de 8 dias e o mais longo de 18 dias. O período de isolamento máximo foi durante a 2nd semana (67,56%), seguido da 3rd semana (24,32%).

Dos 34 isolados de Mtb, 5 (14,7%) isolados com classificação de esfregaço 3+, 9

(26,5%) isolados com classificação 2+, 5 (14,7%) isolados apresentaram crescimento entre 8 - 14 dias. Os restantes 9 (26,4%) apresentaram um crescimento entre 15 e 24 dias, que foram negativos à microscopia.

Os nossos resultados são comparáveis aos dos seguintes estudos

S/No.	Author	Year	Mean duration of isolation	Reference No.
1.	Tarshis et al	1953	18.9 days	22
2.	Dunlop et al	1955	10 days	53
3.	Drancourt et al	2007	13 days	51
4.	Aruna Solanki et al	2007	13.6 days	7
5.	Murli L Mathur et al	2009	13.6 days	6
6.	Coban Y et al	2011	14 days	55
7.	LuqmanSatti et al	2012	14 days	26
8.	Present study	2014	13.2 days	-

Os autores acima referidos referiram diferentes períodos de tempo necessários para o isolamento de Mtb em ágar-sangue. Os resultados do presente estudo são semelhantes aos de Aruna Solanki et al, Mathur et al, M.Drancourt et al, Luqman-Satti et al, Palange et al e Coban Y et al.

No nosso estudo, quando observadas pela primeira vez, as colónias no ágar-sangue são pontuais em tamanho, cinzentas claras, brilhantes e facilmente reconhecidas contra o fundo vermelho do sangue quando examinadas sob luz brilhante. As colónias são normalmente típicas no espaço de 2 semanas. Aumentam gradualmente de tamanho, tornam-se irregulares, verrugosas ou semelhantes a couve-flor e o crescimento máximo é observado em cerca de 4 a 5 semanas (Fig. 2 e 3).

Quando maduros, variam de 1 a 10 mm de diâmetro. Os meios de cultura mantêm a sua cor original durante o período inicial de incubação, mas depois tornam-se ligeiramente a moderadamente mais escuros.

Tarshis et al(22) e Mathur et al(6) são os estudos que descreveram as caraterísticas das colónias de Mtb em ágar-sangue e o nosso presente estudo apresenta uma descrição das colónias semelhante à relatada no seu estudo.

O sangue como meio de cultura dos bacilos da tuberculose foi utilizado com sucesso pela primeira vez por Koch. Foi o primeiro a descrever a cultura rápida em lâmina, em 19th século. Foi feito um esfregaço numa lâmina, seco ao ar e colocado num frasco McCartney contendo meio de sangue humano e o frasco inoculado foi incubado a 37°C durante sete dias. As lâminas foram retiradas e depois colocadas numa estufa a 80°C durante 30 minutos, coradas pelo método ZN e examinadas com uma objetiva de imersão em óleo para detetar microcolónias de AFB.

Mas o método não pôde ser praticado devido aos problemas de contaminação bacteriana e fúngica do meio.

Em 1952, 1953, Tarshis(22) utilizou um meio de sangue humano modificado contendo ágar, glicerol, sangue e penicilina, que foi satisfatório para a cultura de bacilos da tuberculose em condições de diagnóstico de rotina. Em 1955, Dunlop e B.D.Lowe(53) utilizaram ágar-sangue saponado, misturando 10% de saponina branca a 95 ml de sangue humano do grupo O citratado para o isolamento de Mtb

Por conseguinte, a recuperação de M. tuberculosis em ágar-sangue foi registada no início do século passado, mas não foi considerada significativa até que poucos estudos recentes registaram o isolamento de Mtb em ágar-sangue.

Em dezembro de 2000, Mazon. A , A. Gil-Setas, J. Alfaro, e P. Idigoras(56) publicaram uma carta (PubMed PMID: 11198009) relativa ao isolamento de M. tuberculosis em meios de ágar sangue e ágar chocolate a partir de uma amostra de líquido sinovial após incubação prolongada.

M. Drancourt e D. Raoult (51) da Unite' des Rickettsies CNRS 6020, Faculte' de Me'decine, Marselha, França, declararam que substituíram os meios à base de ovos por ágar-sangue para o isolamento de Mtb para utilização de rotina na inoculação de 10 000 amostras num ano para o diagnóstico da tuberculose, obtendo os mesmos resultados e, em vez de utilizarem placas, utilizam tubos para ágar-sangue, que evitam a dessecação.

ISOLAMENTO DE MYCOBACTERIUM TUBERCULOSIS EM LOWENSTEIN JENSEN MEDIUM:

O meio de Lowenstein-Jensen (LJ) é o mais utilizado e é um padrão de ouro para a cultura da tuberculose, uma vez que (1) inibe o crescimento de contaminantes (2) suporta o crescimento luxuriante de pequenos números de bacilos e (3) permite a diferenciação preliminar de isolados com base na morfologia das colónias.

(i) Taxa de isolamento em meio LJ:

No presente estudo, as taxas globais de isolamento de micobactérias em meio LJ foram de 32%, o que inclui amostras pulmonares e extra-pulmonares isoladas de espécimes com esfregaço positivo e negativo (Fig. 4 e 5).

As taxas globais de isolamento comunicadas por outros resultados são as seguintes

S/No.	Author	Year	Rate of isolation	Reference No.
1.	Ghatole M et al	2005	30.46%	57
2.	C.S.Rodrigues et al	2007	29%	28
3.	S Rishi et al	2007	33.6%	50
4.	S Shenai et al	2009	24%	58
5.	Naveen G et al	2012	34.74%	59
6.	Ravish et al	2013	23%	60
7.	Present study	2014	32%	-

No nosso estudo atual,

(a) Amostras pulmonares (n=95): A taxa de isolamento de micobactérias a partir de amostras com baciloscopia positiva é de 73,68%, ou seja, o meio LJ só conseguiu isolar 15 de 19 amostras com baciloscopia positiva, enquanto a partir de baciloscopia negativa é de 21,05%, ou seja, o LJ conseguiu isolar 16 casos de cultura positiva de 79 casos com baciloscopia negativa.

(b) Amostras extra-pulmonares (n=5): A taxa de isolamento de micobactérias a partir de amostras com baciloscopia positiva é de 50%, ou seja, o LJ conseguiu isolar 1 de 2 amostras extra pulmonares com baciloscopia positiva, isto é, de 1 amostra de líquido pleural, e não foram recuperados isolados de amostras com baciloscopia negativa, isto é, de 2 amostras de líquido pleural e 1 amostra de gânglio linfático.

Assim, os resultados acima referidos mostram que, no nosso estudo, a taxa de recuperação de Mtb foi de 76,2% a partir de amostras pulmonares e 50% a partir de amostras extra-pulmonares, pelo que a taxa de recuperação de Mtb foi de 30%. Os nossos resultados foram comparáveis aos de Ghatole M et al, C S Rodrigues et al, S Rishi et al e Naveen G et al, enquanto Shenai et al e Ravish et al registaram taxas de recuperação inferiores às do nosso estudo.

Em Ghatole M et al[57] , foram selecionadas 151 amostras com provas clínicas e radiológicas de tuberculose e apenas foram consideradas no seu estudo amostras de expetoração. A taxa de recuperação global de Mtb foi de 30,46%, mas nos casos de baciloscopia positiva, a taxa de recuperação foi de 79,41% e nos casos de baciloscopia negativa, foi de 66,66%.

Em C S Rodrigues et al[28] , foram consideradas 12 726 amostras clínicas e a taxa de recuperação global foi de 29%, sendo de 42% nas amostras pulmonares e de 13% nas amostras extra-pulmonares. Em S Rishi et al[50] , foram consideradas 500 amostras clínicas e a taxa de recuperação global foi de 33,6%, sendo de 44,01% nas amostras pulmonares e de 4,96% nas amostras extra-pulmonares.

Em S Shenai et al[58] , foi analisado um total de 14.597 amostras e a taxa de recuperação global foi de 24%, sendo de 34% nas amostras pulmonares e de 13% nas amostras extra-pulmonares. Em Ravish et al[60] , foi analisada uma única amostra de expetoração de 200 casos clinicamente suspeitos e/ou radiologicamente evidentes de TB pulmonar e a taxa de recuperação global foi de 23%.

<u>(ii) Duração do isolamento:</u>

A duração média global do isolamento no presente estudo em meio LJ é de 26 dias. Os resultados do presente estudo foram comparados com outros estudos

S/No.	Author	Year	Mean duration of isolation	Reference No.
1.	Negi SS et al	2005	24.03 days	61
2.	C Rodrigues et al	2007	31.2 days	28
3.	S Rishi et al	2007	27.02 days	50
4.	S Shenai et al	2009	36 days	58
5.	Naveen G et al	2012	30.81 days	59
6.	Ravish et al	2013	32.5 days	60
7.	Present study	2014	26 days	-

No nosso estudo, a duração média do isolamento de micobactérias em meios LJ foi de 25,13 dias para os casos de esfregaço positivo e de 31,25 dias para os casos de esfregaço negativo.

O período de tempo mais curto de qualquer estirpe foi de 21 dias e o mais longo de 36 dias. O período de isolamento máximo foi na 4ª semana (56,66%), seguido da 5ª semana (30%). Os resultados do presente estudo estão correlacionados com os de Negi SS et al e S Rishi et al, enquanto os resultados são inferiores aos de C Rodrigues et al, S Shenai et al, Naveen G et al e Ravish et al.

ISOLAMENTO DE MYCOBACTERIUM TUBERCULOSIS UTILIZANDO BACTEC MGIT 960 TB:

(i) Taxa de isolamento:

O nosso estudo atual mostrou que a taxa de isolamento de micobactérias utilizando o BACTEC MGIT 960 TB foi de 40%. Os outros resultados são

S/No.	Author	Year	Rate of isolation	Reference No.
1.	S Rishi et al	2007	50.6%	50
2.	S Shenai et al	2009	41.2%	58
3.	Po-Liang Lu et al	2011	19.7%	62
4.	Naveen G et al	2012	49.15%	59
5.	Ruhi Bunger et al	2013	17%	63
6.	Present study	2014	40%	-

As taxas de isolamento do nosso estudo são superiores às de Po-Liang Lu et al e Ruhi Bunger et al, quase comparáveis às de S Shenai et al e ligeiramente inferiores às de S Rishi et al e Naveen G et al.

Os factores responsáveis pelas grandes variações acima referidas podem ser:

(1) Diferença na prevalência de micobactérias em diferentes áreas geográficas (2) Critérios utilizados para a seleção de casos (3) Factores técnicos como o número e o tipo de amostras recolhidas.

No nosso estudo,

(a) Amostras pulmonares: A taxa de isolamento de micobactérias a partir de esfregaços positivos

são de 100 %, ou seja, o BACTEC MGIT 960 TB conseguiu isolar todas as 19 amostras de 19 esfregaços positivos

O MGIT 960 conseguiu isolar 19 casos de cultura positiva de 79 casos de esfregaço negativo.

(b) Amostras extra-pulmonares: A taxa de isolamento de micobactérias a partir de amostras com esfregaço positivo é de 100%, ou seja, o BACTEC MGIT 960 TB conseguiu isolar 2 de 2 amostras extra pulmonares, 1 amostra de líquido pleural e 1 amostra de pus, enquanto nenhuma das amostras com esfregaço negativo foi isolada pelo BACTEC MGIT 960 TB.

No nosso estudo atual, a taxa de recuperação de Mtb a partir de espécimes com esfregaço positivo foi de 100%, enquanto a partir de espécimes com esfregaço negativo foi de 25%.

Em Po-Liang Lu et al (2012)[(62)] , foi considerado um total de 3832 espécimes respiratórios e a taxa de recuperação de Mtb pelo MGIT 960 foi de 19,7%, o que é inferior à do presente estudo (40%) devido à maior dimensão da amostra.

Em S Rishi et al[(50)] , foi considerado um total de 500 amostras clínicas, das quais 330 eram pulmonares e as restantes 170 eram amostras extra-pulmonares. A taxa de recuperação global foi de 50,6% no seu estudo, que foi superior à do nosso estudo (40%) devido à taxa de recuperação mais elevada de Mtb a partir de amostras pulmonares negativas para esfregaço, ou seja, 39,18%, enquanto no nosso estudo é de 25%, no caso das amostras pulmonares.

No estudo de Naveen G et al[(59)] , a taxa de recuperação global foi de 49,15%, uma vez que foram examinados 236 casos suspeitos de tuberculose, dos quais 168 eram baciloscopia positiva para bacilos álcool-ácido rápidos, ao passo que o nosso estudo registou uma taxa de recuperação de 40%, inferior à de Naveen G et al, enquanto no nosso estudo apenas 21 casos eram baciloscopia positiva para bacilos álcool-ácido rápidos em 100 casos suspeitos de tuberculose. Por conseguinte, a diferença no número de casos com baciloscopia positiva registou taxas de recuperação diferentes em ambos os estudos.

(b) Duração do isolamento:

A duração média global do isolamento no presente estudo é de 11,8 dias. No nosso estudo,

A duração média do isolamento de micobactérias no BACTEC MGIT 960 TB foi de 10,85 dias para os casos de esfregaço positivo e de 13,36 dias para os casos de esfregaço negativo.

O período de tempo mais curto de qualquer estirpe foi de 6 dias e o mais longo de 16 dias. O período de isolamento máximo foi na 2nd semana (56,66%) seguido da 3rd semana (30%).

A duração média global do isolamento noutros estudos é a seguinte

S/No.	Author	Year	Duration	Reference No.
1.	S Rishi et al	2007	9.66 days	50
2.	Hannan et al	2008	4.64 days	64
3.	S Shenai et al	2009	9 days	58
4.	Naveen G et al	2012	18.7 days	59
5.	Mohammed Abdul et al	2013	9.86 days	65
6.	Ruhi Bunger et al	2013	8 days	63
7.	Present study	2014	11.8 days	-

Os resultados do nosso estudo são mais elevados do que os de Hannan et al, S Rishi et al, Shenai et al, Abdul et al e Hannan et al, enquanto Naveen G et al apresentaram resultados mais elevados do que os do presente estudo.

Os estudos de Hannan et al incluíram apenas casos de esfregaço positivo, pelo que a duração do isolamento é significativamente menor quando comparada com outros estudos, enquanto os restantes estudos incluíram casos de esfregaço positivo e negativo.

COMPARAÇÃO DA CULTURA EM ÁGAR-SANGUE COM A CULTURA EM MEIO LJ

No nosso estudo, o ágar-sangue apresentou bons resultados quando comparado com o meio LJ padrão-ouro, com uma sensibilidade de 87,17%, uma duração média de isolamento de 13,2 dias e uma taxa de contaminação mínima de 2%, enquanto no meio LJ a sensibilidade foi de 76,9%, a duração média de isolamento foi de 26 dias e a taxa de contaminação foi de 6%. Mathur et al(6) registaram 13 dias em BA em comparação com 19 em meio LJ. Solanki et al(7) registaram 13,6 dias em BA e Drancourt et al(51) registaram 13 dias em BA.

O meio de ágar-sangue também mostrou especificidade, VPP e VPN de 100%, 100% e 94,29%, respetivamente, quando comparado com o meio LJ no nosso estudo.

No nosso estudo, dos 100 casos de suspeita clínica e radiológica de tuberculose, 40 casos foram positivos por qualquer um dos métodos, ou seja, baciloscopia, ágar-sangue, meio LJ ou MGIT.

No nosso estudo, a correlação entre os resultados do ágar-sangue e da cultura LJ, entre 21 casos positivos de esfregaço, mostrou uma diferença significativa. 19 dos 21 casos cresceram em ágar-sangue, enquanto 15 dos 21 casos foram positivos em cultura em meio LJ.

O ágar-sangue não revelou qualquer crescimento em 2 amostras com esfregaço positivo que também foram negativas para cultura em LJ. As amostras não detectadas pelo ágar-sangue apresentavam uma classificação de esfregaço de 1+. A possível explicação para este fenómeno poderá ser a elevada probabilidade de estes doentes estarem a receber tratamento antibiótico não específico.

O LJ não foi capaz de isolar 4 das 21 amostras com esfregaço positivo, das quais 2 apresentaram crescimento exclusivamente em ágar-sangue. Com base nisto, podemos concluir que o ágar-sangue recuperou 90,5% dos isolados, enquanto o meio LJ recuperou 78,94% dos isolados no caso de amostras com esfregaço positivo. Esta observação pode ser comparada com Mathur et al[(6)] onde a taxa de recuperação foi de 94% e Drancourt et al[(51)] onde foi de 98,9%.

O Mycobacterium tuberculosis pôde ser cultivado em ágar-sangue em 18 casos de baciloscopia negativa e a taxa de recuperação foi de 23,69% (15 Mtb e 3 NTM), enquanto o LJ pôde isolar 16 casos de baciloscopia negativa e a taxa de recuperação foi de 21,06% (14 Mtb e 2 NTM). Assim, pode inferir-se que o ágar-sangue tem uma vantagem definitiva sobre a baciloscopia direta no diagnóstico da tuberculose pulmonar. No entanto, não se registou uma diferença muito significativa entre o isolamento de Mtb de casos negativos de baciloscopia em meios de ágar-sangue e LJ.

A duração média do isolamento do Mtb em ágar-sangue nos casos de esfregaço positivo foi de 13,15 dias e nos casos de esfregaço negativo foi de 15,42 dias. Em LJ, a duração média foi de 25,13 dias para os casos de esfregaço positivo e de 31,25 dias para os casos de esfregaço negativo.

A constatação acima referida apoia o estudo de Mathur et al.[(6)] (2009) em que a duração média em ágar-sangue foi de 13,6 dias e no caso do LJ foi de 20,1 dias.

Os resultados do presente estudo estão correlacionados com os de Negi SS et al[(61)] (2005) e S Rishi[(50)] et al (2007), em que a duração média é de 24,03 dias e 27,04 dias no caso do meio LJ.

25 de 34 isolados (73,5%) foram recuperados durante a 2ª semana (8 - 14 dias) em ágar-sangue, dos quais 5 eram de classificação 3+, 9 eram 2+, 5 eram 1+ e 6 eram negativos para esfregaço e nenhum dos isolados foi recuperado para além de 18 dias.

17 de 30 isolados (56,66%) foram recuperados em meio LJ durante a 4ª semana (22 - 28 dias), dos quais 1 tinha classificação 3+, 7 eram 2+, 2 eram 1+ e 6 eram negativos à microscopia e nenhum dos isolados foi recuperado para além de 36 dias.

Em Naveen G et al[59] (2012), 31,7% dos isolados foram recuperados em meio LJ durante a 4ª semana (22 - 28 dias) e 52,4% dos isolados foram recuperados durante a 5ª semana (29 - 36 dias), enquanto em S Shenai et al[58] (2009) 20% dos isolados foram recuperados em meio LJ durante a 4ª semana (22 - 28 dias) e 18% dos isolados foram recuperados durante a 5ª semana (29 - 36 dias).

Por conseguinte, o meio de ágar-sangue conseguiu recuperar a maioria dos seus isolados na 2ª semana de incubação, 2 semanas mais cedo do que o meio LJ, que foi durante a 4ª semana.

Os resultados do presente estudo mostraram uma diferença significativa (p-valor < 0,0001) no tempo para detetar positividade da cultura de *M. tuberculosis* em BA quando comparado com LJ. Isto mostrou que existia uma diferença altamente significativa entre os dois métodos. Por conseguinte, o ágar-sangue provou ser um método superior ao meio LJ, tanto em termos da taxa de isolamento como da duração do isolamento.

Com base nos resultados acima referidos, comparando o desempenho dos meios de ágar-sangue e LJ no nosso estudo, é possível afirmar que o meio de ágar-sangue é superior ao meio sólido LJ para o isolamento de Mtb tanto nos casos de esfregaço positivo como nos casos de esfregaço negativo. Mas a limitação reside no facto de as espécies de micobactérias serem morfologicamente indistinguíveis em BA.

O custo de preparação de uma garrafa de BA foi de Rs 11/-, enquanto um meio de LJ foi de Rs 9/- e o MGIT custou Rs 190/- por garrafa. Além disso, o BA é fácil de preparar em comparação com o LJ.

COMPARAÇÃO DA CULTURA EM ÁGAR-SANGUE COM A CULTURA EM BACTEC MGIT 960 TB:

A segunda comparação de desempenho para o isolamento primário de Mycobacterium tuberculosis foi efectuada entre o meio de ágar-sangue e o sistema de cultura líquida BACTEC

MGIT 960. A avaliação do desempenho do meio de ágar-sangue com um sistema de cultura automatizado melhorado proporcionará uma melhor perceção do desempenho do método.

A especificidade, o VPP e o VPN do meio de ágar-sangue foram de 97,06%, 92,42% e 86,84% quando comparados com o MGIT. No nosso estudo, a correlação entre os resultados do ágar-sangue e do BACTEC MGIT 960 TB nos 21 casos de esfregaços positivos revelou uma diferença significativa. O Mtb foi isolado em 19 dos 21 casos em ágar-sangue, ao passo que todos os 21 casos de Mtb com baciloscopia positiva foram recuperados a partir do MGIT 960.

O ágar-sangue não revelou crescimento em 2 amostras positivas no esfregaço, mas foram positivas no MGIT

Sistema 960 TB. As amostras não detectadas pelo ágar-sangue foram classificadas como 1+. O ágar-sangue recuperou 90,5% de isolados, enquanto o meio MGIT 960 recuperou 100% de isolados no caso de amostras com baciloscopia positiva.

O Mycobacterium tuberculosis pôde ser cultivado em ágar-sangue em 18 casos de baciloscopia negativa e a taxa de recuperação foi de 23,69% (15 Mtb e 3 NTM), enquanto o MGIT 960 TB pôde isolar 19 casos de baciloscopia negativa e a taxa de recuperação foi de 25% (17 Mtb e 2 NTM).

As taxas de isolamento de Mtb de casos negativos de esfregaço pelo MGIT 960 no presente estudo são comparáveis às de S Rishi et al[(57)] , onde a taxa de recuperação é de 31,9%

No presente estudo, a partir de 79 amostras negativas para esfregaço, o MGIT 960 conseguiu recuperar 19 isolados de Mtb, dos quais 3 isolados foram negativos em ágar-sangue.

Além disso, o MGIT apresentou 2 resultados discordantes no caso de amostras que eram negativas à baciloscopia, positivas em cultura em ágar-sangue, mas negativas no MGIT 960. As amostras em falta incluem 1 Mtb e 1 NTM de casos negativos.

A duração média do isolamento do Mtb em ágar-sangue nos casos de esfregaço positivo foi de 13,15 dias e nos casos de esfregaço negativo foi de 15,42 dias. No MGIT 960, a duração média foi de 10,85 dias para os casos com baciloscopia positiva e de 13,36 dias para os casos com baciloscopia negativa.

30 de 40 isolados (78,94%) foram recuperados pelo MGIT 960 durante a 2ª semana (8 - 14 dias), dos quais 3 eram de classificação 3+, 9 eram 2+, 6 eram 1+ e 12 eram negativos à microscopia e nenhum dos isolados foi recuperado para além de 18 dias.

Para além do nosso estudo, existem outros três estudos que compararam o BA com um sistema automatizado para o isolamento do M. tuberculosis. Drancourt M et al. compararam o

BA com o caldo BACTEC 9000 MB e registaram um desempenho superior do BA (98,9% versus 92,6%) em relação ao caldo BACTEC 9000 MB e a duração do isolamento foi de 26 dias com o BACTEC e de 19 dias com o BA. Mathur ML et al. registaram que o isolamento de M. tuberculosis demorou 9 dias com MGIT e 13,6 dias com BA [4]. Coban AY et al. registaram 10 dias em MGIT e 14 dias em BA e a taxa de isolamento de Mtb em ágar-sangue foi de 22,4% e em MGIT 960 foi de 29,5%.

Mathur et al[(6)] no seu estudo comunicaram o tempo de deteção do Mtb a partir de amostras de esfregaço de expetoração positivas num determinado sistema de cultura. O isolamento primário de Mtb a partir de amostras de esfregaço de expetoração positivas pelo sistema VersaTREK demorou 19,8±11,2 dias, pelo meio Liquid Bio FM (BIO-RAD) demorou 10,4 (3-33) dias, pelo sistema Biphasic (Middlebrook 7H11 agar slant+Middlebrook 9H broth) demorou 21±4.4 dias, pelo MGIT 960 demorou 9 (7-11) dias , 11,9 dias e 12,6 dias, pelo sistema de cultura MB-Check (fase líquida) demorou 14,8±8,0 dias, pelo BACTEC 9000 MB demorou 9 (4-12) dias, e pelo BACTEC 460 TB demorou 7 (3-27) dias, 7 (4-12) dias e 13,8 dias.

Se considerarmos estas observações efectuadas com equipamentos sofisticados, kits dispendiosos e mão de obra qualificada, a utilização de ágar-sangue parece ser bastante simples e demonstrou ser bastante comparável no que diz respeito ao tempo de deteção e isolamento do Mtb.

TAXAS DE CONTAMINAÇÃO:

No nosso estudo, a taxa de contaminação em ágar-sangue foi de 2% (2 de 100 casos). Dos 2 casos que apresentaram contaminação, foram isolados fungos em ambos os casos.

Quando a contaminação ocorreu em ágar-sangue, o crescimento foi geralmente confluente e ocorreu dentro de 24 a 48 horas. O meio também se tornou escuro e, nalguns casos, quase preto.

No caso do meio LJ, foi de 6% (6 de 100). Dos 6 casos que apresentaram contaminação, 4 (66,66%) eram fungos e os restantes 2 (33,33%) eram GNB.

No caso do MGIT 960, observou-se uma taxa de contaminação de 12% (12 de 100). Dos 12 casos, 6 (50%) eram fungos, 2 (16,66%) eram GPC e 4 (33,33%) eram GNB.

O ágar-sangue apresentou a menor taxa de contaminação, provavelmente devido à incorporação de antibióticos e agentes antifúngicos nos meios. A maior contaminação fúngica no LJ pode dever-se à presença de verde de malaquite, que inibe o crescimento bacteriano mas não o dos fungos.

C Rodrigues et al[28] referiram que o MGIT 960 apresenta uma taxa de contaminação mais elevada, provavelmente porque o meio MGIT 960 é rico em proteínas, facilitando assim o crescimento de organismos que sobreviveram ao processo de descontaminação.

S Rishi et al[50] registaram uma taxa de contaminação de 13,4% no meio BACTEC MGIT 960 e de 27,2% no meio LJ.

ISOLAMENTO DE NTM:

Os NTM são bacilos ácido-rápidos, difíceis de distinguir do M. tuberculosis na coloração de Ziehl Neelsen. Em cultura, podem ser diferenciados com base na sua taxa de crescimento, morfologia das colónias e outros testes bioquímicos.

Por conseguinte, com base nas caraterísticas acima referidas, no nosso estudo atual,

(i) Dos 37 isolados cultivados em ágar-sangue, 34 (91,89%) eram Mycobacterium tuberculosis e os restantes 3 (8,1%) eram micobactérias não tuberculosas (NTM).

(ii) Dos 32 isolados cultivados em meio LJ, 30 (93,75%) eram Mycobacterium tuberculosis e os restantes 2 (6,25%) eram NTM.

(iii) Dos 40 isolados utilizando o BACTEC MGIT 960, 38 (95%) eram Mycobacterium tuberculosis e 2 (5%) eram NTM.

Em todos os meios de cultura acima referidos, as NTM foram isoladas apenas em amostras de expetoração.

As taxas de isolamento de NTM noutros estudos são:

S/No.	Author	Year	NTM isolation	Reference No.
1.	M V Jesudason et al	2005	3.9%	66
2.	C Rodrigues et al	2009	1.4%	28
3.	Babitha Sharma et al	2010	27.7%	18
4.	Naveen G et al	2012	3.34%	59
5.	V.P.Myneedu et al	2013	0.38%	67
6.	Mu Yeol Lee et al	2014	30%	68

Nos estudos acima referidos, foi registada uma percentagem variável de isolamento de MNT, que varia entre 27,7% e 0,38%. Tal pode dever-se a diferenças em factores como a seleção de casos, a dimensão da amostra e a prevalência de MNT em diferentes áreas geográficas.

As MNT foram ainda identificadas até ao nível de espécie através do carácter morfológico e de testes bioquímicos, ou seja, teste de hidrólise de Tween e crescimento em ágar MacConkey (Fig. 17 e 18).

Foram isoladas NTM de 3 doentes e todas as 3 amostras de expetoração apresentaram crescimento em ágar-sangue, dos quais 2 isolados, ou seja, o complexo M.fortuitum, eram de doentes seronegativos, enquanto 1 isolado, ou seja, M.chelonae, era de um doente seropositivo (Fig. 19).

Foram isoladas 2 NTM do meio LJ e do sistema BACTEC MGIT 960 TB, das quais 1 isolado era M.chelonae e o outro isolado era o complexo M.fortuitum. No presente estudo, as NTM isoladas pertenciam ao Grupo 4 de Runyon (Fig. 20).

Michel Drancourt e Didier Raoult[(51)] no seu estudo de 2007 demonstraram que o meio de ágar-sangue comum pode suportar o crescimento de outras espécies de Mycobacterium para além da Mycobacterium ulcerans.

A idade média dos doentes dos quais foram isoladas MNT foi de 50,6 anos em doentes entre os 40 e os 60 anos, dos quais 1 dos 3 doentes era um caso antigo de tuberculose pulmonar e os outros 2 casos eram de asma brônquica.

No nosso estudo atual, não foi possível repetir a análise de amostras de expetoração para confirmar o isolamento de MNT, pelo que os doentes dos quais foram recuperadas MNT foram considerados como tendo uma doença improvável por MNT.

A doença pulmonar por MNT foi considerada improvável se o doente não preenchesse nenhum dos critérios para doença pulmonar por MNT definitiva ou provável, ou seja, se os doentes não preenchessem os critérios clínicos, radiológicos e microbiológicos das diretrizes de 2007 da American Thoracic Society (ATS) Infectious Diseases Society Of America (IDSA), pelo que as MNT pareciam ser isolados casuais, causando colonização transitória dos pulmões no nosso estudo.

Singh et al[(69)] no seu estudo relataram que 46 de 48 casos de colonização transitória de

MNT ocorrem em casos antigos de tuberculose pulmonar. Karak et al[70] , de Calcutá, relataram uma prevalência de 17,4% de MNT em amostras de escarro de pacientes com doenças fibrocavitárias.

Assim, pode concluir-se no nosso estudo que as MNT ocorreram como isolados casuais na expetoração de doentes com pulmões doentes e que a sua taxa de isolamento varia não só de local para local, mas também de tempos a tempos na mesma região. No presente estudo, duas espécies de MNT, ou seja, de crescimento rápido, identificadas em amostras de expetoração foram Mycobacterium chelonae e Mycobacterium fortuitum complex.

Paramasivan et al[71] (1985) referiram que M. aviumin tracellulare (MAI) era a espécie mais frequentemente isolada (22,6% de todas as MNT), seguida de M terrae (12,5%) e M. scrofulaceum (10,5%). Mais tarde, em 1994, Kamala et al[72] demonstraram que o MAI e o M.scrofulaceum estavam presentes na água e no pó e podiam ser isolados a partir de amostras de expetoração de indivíduos.

Mais recentemente, Narang et al[73] (2007), com o objetivo de estabelecer uma correlação, recolheram amostras de solo e água do ambiente dos doentes dos quais foram isoladas MNT nas amostras clínicas. Registaram 20 isolados do solo e cinco da água. As MNT podem facilmente colonizar o intestino de pessoas imunocomprometidas, como as que vivem com VIH/SIDA, mas as MNT podem mesmo colonizar o sistema respiratório de indivíduos imunocompetentes.

As MNT estão a emergir como importantes agentes causadores de doenças pulmonares e extra-pulmonares em doentes seropositivos para o VIH e doentes com SIDA e também em doentes seronegativos para o VIH. Por conseguinte, nestes doentes, os bacilos álcool-ácido rápidos observados no esfregaço de expetoração ou nos tecidos podem não ser necessariamente M. tuberculosis. Assim, é necessário efetuar culturas para isolar e especificar estas micobactérias para a administração de medicamentos específicos, uma vez que as estratégias de tratamento diferem consoante a espécie.

IDENTIFICAÇÃO MOLECULAR:

Atualmente, a identificação de micobactérias baseia-se principalmente em métodos moleculares, juntamente com alguns testes fenotípicos fundamentais.

Por conseguinte, no nosso estudo, uma vez que o isolamento do Mtb é o primeiro do seu género em ágar-sangue e não foram efectuados muitos estudos sobre o mesmo, a identificação imediata dos isolados recuperados do ágar-sangue foi confirmada pelo ensaio Genotype

MTBDR plus visando o 23rRNA, que estava disponível no IRL - STDC (Fig. 6 e 7).

Embora o genótipo MTBDR plus seja utilizado para a identificação genética molecular da resistência à isoniazida e à rifampicina em amostras de esfregaços pulmonares positivos e negativos e em amostras cultivadas, no nosso estudo foi utilizado como um teste qualitativo in vitro para a identificação do complexo Mycobacterium tuberculosis a partir do crescimento obtido em ágar-sangue.

Um total de 37 amostras, que eram positivas em cultura em ágar-sangue, foram testadas pelo Genotype MTBDR plus para confirmar que os isolados eram de MTBC e para diferenciar MTBC de NTM. Do total de 37 amostras positivas em cultura que foram testadas pelo Genotype MTBDR plus, 34 (91,89%) apresentaram uma banda na zona TUB, que foi confirmada como MTBC, e as restantes 3 (8,1%) não apresentaram qualquer banda na zona TUB, que foi confirmada como NTM (Fig. 21 e 22).

Com base nos resultados acima referidos, pode dizer-se que o presente estudo apresenta resultados encorajadores relativamente ao crescimento e isolamento de Mtb em placas de ágar-sangue.

A duração e a taxa de isolamento do Mtb em amostras com esfregaço positivo e negativo são comparáveis ao MGIT 960 e apresentam melhores resultados do que o meio LJ convencional

LIMITAÇÃO:

No presente estudo, a dimensão da amostra foi reduzida. O crescimento de M. tuberculosis é morfologicamente indistinguível de outras espécies de micobactérias em BA.

Capítulo 7

RESUMO

O objetivo geral do estudo era identificar um meio de cultura barato, rápido, fácil de utilizar e não radiométrico para o isolamento primário de Mycobacterium tuberculosis.

Foi comparado com o meio de Lowenstein Jensen convencional padrão-ouro e com o sistema BACTEC MGIT 960 TB relativamente a 3 parâmetros, nomeadamente (1) taxa de isolamento, (2) duração do isolamento e (3) taxa de contaminação.

O estudo foi prospetivo e decorreu durante um período de seis meses, de março de 2014 a agosto de 2014. Foram selecionados para o estudo 100 casos clinicamente suspeitos (95 pulmonares e 5 extra-pulmonares) de tuberculose, independentemente da sua idade e sexo, utilizando determinados critérios de inclusão e exclusão. O processamento das amostras, a inoculação, o isolamento e a identificação do Mtb foram efectuados de acordo com os protocolos padrão seguidos pelo Laboratório de Referência Intermédio - Centro Estatal de Formação e Demonstração da Tuberculose, Irrumnuma, Hyderabad.

No nosso estudo, foram feitas as seguintes observações importantes:

1). A maioria da população do estudo, ou seja, 46%, situava-se entre os 41 e os 60 anos, seguindo-se os que se situavam entre os 20 e os 40 anos, que representavam 39% da população do estudo.

2). Observou-se uma preponderância masculina, uma vez que o rácio entre homens e mulheres é de 2,333: 1

3). 21% dos casos mostraram a presença de bacilos em esfregaços diretos corados com ZN. Verificou-se que a taxa de positividade da coloração de ZN era máxima no grupo etário dos 20-40 anos (28,2%), seguida do grupo etário dos 41-60 anos (17,39%).

4). A taxa de isolamento de micobactérias utilizando ágar-sangue foi de 37% (37 / 100)

5). Dos 37 isolados cultivados em ágar sangue, 34 (91,89%) foram identificados como Mtb, enquanto 3 (8,1%) foram identificados como NTM através de testes bioquímicos e do ensaio

Genotype MTBDR Plus.

6). O tempo mínimo de crescimento do Mtb em ágar-sangue foi de 8 dias e o tempo máximo foi de 18 dias. A duração média do isolamento de Mtb em ágar-sangue foi de 13,2 dias.

7). A taxa de isolamento de Mtb em ágar-sangue em amostras com esfregaço positivo foi de 90,5% (19 / 21) e em casos com esfregaço negativo foi de 19% (15 / 79). Em comparação com a microscopia, a cultura em ágar-sangue conseguiu isolar 15 casos adicionais de amostras negativas.

8). A taxa de isolamento de micobactérias no meio LJ foi de 32% (32 / 100).

9). Dos 32 isolados cultivados em meio LJ, 30 (93,75%) foram identificados como Mtb, enquanto 2 (6,25%) foram identificados como NTM.

10). O tempo mínimo de crescimento do Mtb em meio LJ foi de 21 dias e o tempo máximo foi de 36 dias. A duração média do isolamento foi de 26 dias.

11). A taxa de isolamento de Mtb em meio LJ em amostras com esfregaço positivo foi de 76,41% (16 / 21) e em casos com esfregaço negativo foi de 17,7% (14 / 79). Em comparação com a microscopia, a cultura em LJ conseguiu isolar mais 14 casos de amostras negativas de esfregaço.

12). As micobactérias puderam ser isoladas em 40% dos casos utilizando o sistema BACTEC MGIT 960 TB.

13). O tempo mínimo necessário para o crescimento do Mtb foi de 6 dias e o tempo máximo foi de 16 dias. A duração média do isolamento foi de 11,8 dias.

14). O isolamento do Mtb utilizando este sistema automatizado em casos de esfregaço positivo foi de 100% (21 / 21) e em casos de esfregaço negativo foi de 21,51% (17 / 79).

15). O controlo de qualidade do ágar-sangue, do meio LJ e do BACTEC MGIT 960 foi efectuado pelo Mycobacterium tuberculosis H37Rv (ATCC 19977).

16). A diferença na taxa de isolamento em ágar-sangue e utilizando o meio LJ foi estatisticamente significativa.

17). No nosso estudo, dos 100 casos de suspeita clínica e radiológica de tuberculose pulmonar, 39 casos foram positivos para Mtb por qualquer um dos 3 métodos, ou seja, ágar sangue, cultura em meio LJ e BACTEC MGIT 960 TB.

19). Para além dos 30 isolados que eram positivos em cultura de Mtb no meio LJ, o ágar-sangue também conseguiu isolar 4 casos positivos em cultura de Mtb que eram negativos no meio LJ.

20). Dos 39 isolados de Mtb, 33 foram recuperados tanto do ágar-sangue como do MGIT 960. O MGIT conseguiu isolar 5 isolados adicionais que eram negativos em cultura em ágar-sangue, todos eles Mtb.

21). No entanto, houve um isolado de Mtb que foi negativo pelo BACTEC MGIT 960, mas positivo para cultura em ágar-sangue.

22). Observou-se que a especificidade, o valor preditivo positivo e o valor preditivo negativo do BA, quando comparado com o LJ, eram de 100%, 100% e 94,29%,

23). A especificidade, o valor preditivo positivo e o valor preditivo negativo do BA foram de 97,06%, 92,42% e 86,84% quando comparados com o BACTEC MGIT 960.

24). A taxa de contaminação foi de 2% em ágar-sangue, 6% em meio LJ e 12% em BACTEC MGIT 960 TB.

Capítulo 8

CONCLUSÃO:

Com base nos resultados acima referidos, pode afirmar-se que a BA pode constituir um bom substituto do meio LJ em termos de taxa de isolamento, duração do isolamento e sensibilidade. A taxa de contaminação com BA também foi baixa em comparação com o meio LJ. Embora a dimensão da amostra fosse menor e o BA ficasse um pouco atrás do MGIT 960 em termos de sensibilidade e duração do isolamento, a taxa de contaminação era mais elevada no MGIT do que no BA. Além disso, o MGIT 960 requer equipamento sofisticado, kits dispendiosos e mão de obra especializada, ao passo que o BA é fácil de preparar, pouco dispendioso e requer apenas uma incubadora e equipamento básico no laboratório clínico, desde que estejam em vigor medidas de segurança microbiológica adequadas para contrariar a natureza altamente infecciosa do M. tuberculosis.

REFERÊNCIAS

1. TB India 2014. Programa nacional revisto de controlo da tuberculose - Relatório anual sobre a situação. Capítulo 2 - Peso da doença da TB na Índia; 7-10.

2. OMS. Relatório Mundial sobre a Tuberculose 2012. WHO/HTM/TB/2012.6.

3. TB India 2014. Programa nacional revisto de controlo da tuberculose - Relatório anual sobre a situação. Capítulo 2 - Peso da doença da TB na Índia; 7-10.

4. Choong Park, Deborah Hixon, Carolyn Ferguson. Rapid recovery of Mycobacteria from clinical specimens using automated radiometric technique. Am J Clin Path. 1984;81(3):341-45.

5. Gerri S Hall. Primary processing of specimens and isolation and cultivation of Mycobacteria (Processamento primário de amostras e isolamento e cultivo de micobactérias). Clinical Mycobacteriology, Clinics in Laboratory Medicine.1996;16(3):551-67.

6. Murli L. Mathur, Jyoti Gaur, Ruchika Sharma. Cultura rápida de Mycobacterium tuberculosis em ágar sangue num contexto de recursos limitados. Dan Med Bull 2009;56:208-210.

7. Murli L Mathur e Aruna Solanki, Study of rapid culture of Mycobacterium tuberculosis from sputum samples. Centro de Investigação de Medicina do Deserto, Jodhpur. Relatório anual 2008-2009:1-5.

8. Shankar P S. History of tuberculosis, capítulo 1 em Pulmonary Tuberculosis. P. S. Shankar, 2ª edição, Oxford e IBH Publishing Co, 1990:1-4.

9. Vishwanath R. Introdução histórica, capítulo 1 em Pulmonary Tuberculosis, Vishwanath R, 1ª edição, Asia Publishing House, 1966:1-5.

10. Gaby E. Pfyffer e Veronique Vincent, Capítulo 4 em Topley and Wilson's Principles of Bacteriology, Virology and Immunology, Vol - 2, 10ª edição (Ed) S. Peter Borrelio, Patrick R Murray e Guido Funke.1183-1233.

11. Cole ST, Brosch R, Parkhill J. Deciphering the biology of Mycobacterium tuberculosis from the complete genome sequence. Nature, 1998;393:537-544.

12. Lawrence G W, Kubica G P. "Mycobacteria". In Bergey's Manual of Determinative Bacteriology. 8ª edição, (Ed) Hensyl W R. Williams, Wilkins, Baltimore Maryland, EUA. 1990.1990; 1435-57.

13. Koneman E W, Allen S D, Janda W M, Schrenkenberger P C, Winn W C, Procop G W, Woods G L,. Mycobacteria, Capítulo 19 in Color Atlas and Textbook of Diagnostic

Microbiology. 6ª edição, Lippincott Williams and Wilkins, Filadélfia 2006.1066-1124.

14. Grange J M: Mycobacteria. Em Topley and Wilson's Principles of Bacteriology, Virology and Immunology. Vol. II, 8ª edição (Ed) Parker MT, Duerdev BI. Edward Arnold Ltd. Londres 1990;73-102.

15. Hinson T M, Bonder JJ. Gram neutrality of Mycobacteria. American review of Respiratory diseases 1981;123:365-66.

16. Chandrasekar S, Rao P. Diagnostic methods in Tuberculosis (Métodos de diagnóstico da tuberculose). In Textbook of Tuberculosis 2nd edition, (Ed) Rao K N. Vikas Publishing House Pvt Ltd. 1981;192-205.

17. Rao K P. Um método de coloração a frio para bacilos da tuberculose utilizando clorofórmio. Indian Journal of Tuberculosis,1996;14:3-7.

18. Babita Sharma, Nita Pal, Bharti Malhotra e Leela Vyas. Evaluation of a Rapid Differentiation Test for Mycobacterium tuberculosis from other Mycobacteria by Selective Inhibition with p-nitrobenzoic Acid using MGIT 960. J Lab Physicians 2010; 2(2): 89-92.

19. Drancourt M, Carrieri P, Gëvaudan MJ et al. Blood agar and Mycobacteriumtuberculosis: the end of a dogma. J Clin Microbiol. 2003;41:1710-1711.

20. Wilson G S, Miles A A. Tuberculosis in Topley and Wilson's Principles of Bacteriology, Virology and Immunology, Vol-2, 6th edition. Edward Arnold Publishers, Londres 1975:1724-85.

21. Wilson G S, Miles A A. Cultural Reaction of Mycobacteria, Mycobacteria. Capítulo 16, em Topley and Wilson's Principles of Bacteriology, Virology and Immunology, Vol-2, 5ª edição. Edward Arnold Publishers, Londres 1964:1588-1653.

22. Maurice S. Tarshis, Patricia C. Kinsella e Malcolm V. Parker. Comparison of Blood agar-Penicillin and Lowenstein Jensen media under routine diagnostic conditions. J. Bacteriol. 1953, 66(4):448.

23. Kilicturgay, K., E. Gumrukcu, F. Tubluk, e M. Saglam. The results in our tuberculosis laboratory with penicillin blood agar medium. Mikrobiyol. Bul 1977;11:29-33. (Em turco.) 24. Aravand M, Mielke ME, Wienke T, Regnath T, Hanh H. Primary isolation of Mycobacterium tuberculosis on Blood Agar during the diagnostic process for catscratch disease. Infection 1998;56:254.

25. Coban AY, Bilgin K, Uzun M, Tasdelen Fisgin N, Akgunes A, et al. Susceptibilidades do

Mycobacterium tuberculosis à isoniazida e à rifampicina em ágar sangue.J Clin Microbiol 2005;43:1930-1931.

26. Luqman Satti, Aamer Ikram, Ahmet Yilmaz Coban e Anandi Martin. Teste direto rápido da suscetibilidade do Mycobacterium tuberculosis à isoniazida e à rifampicina em ágar nutriente e ágar sangue em contextos de recursos limitados. J Clin Microbiol 2012;50(5).

27. Programa Nacional de Controlo da Tuberculose revisto. Training Manual for Mycobacterium tuberculosis Culture & Drug susceptibility testing. Divisão Central da TB, Direção-Geral dos Serviços de Saúde. abril de 2009.

28. Rodrigues C S, Shenai S V, Almeida DVG, Sadani MA, Goyal N, Vader C, Mehta AP. Use of BACTEC 460 TB system in the diagnosis of Tuberculosis. Indian Journal of Medical Microbiology 2007;25(1):32-36.

29. Idigoras R, Perez-Trallero E, Alcorta M, Gutierrez C, Mufioz-Baroja I. Rapid Detection of Tuberculous and Non-Tuberculous Mycobacteria by Microscopic Observation of Growth on Middlebrook 7H11 Agar. Eur. J. Clin. Microbiol. Infect. Dis 1995;14:6-10.

30. David F Welch, Arthur P Guruswamy, Sandra J Sides, Charles H Shaw e Mary J R Gilchrist. Cultura atempada para micobactérias que utiliza um método de microcolónias. Journal of Clinical Microbiology 1993;31(8):2178-2184.

31. Chitra C, Prasad CE. Evaluation of MGIT for primary isolation of Mycobacteria from clinical specimens. Indian J Tuberc 2001;48:155-56.

32. Enrico Tortoli, Paola Cichero, Claudio Piersimoni, M.Tullia Simonetti, Giampietro Gesu e Domenico Nista. Utilização do BACTEC MGIT 960 para a recuperação de micobactérias de amostras clínicas: Estudo multicêntrico.

33. Pfyffer, G. E., H. M. Welscher, P. Kissling, C. Cieslak, M. J. Casal, J.Gutierrez, e S. Ruesch-Gerdes. Comparação do tubo indicador de crescimento de micobactérias (MGIT) com cultura radiométrica e sólida para a recuperação de bacilos álcool-ácido resistentes. J. Clin. Microbiol 1997;35(9):364-368.

34. AJ Van Griethysen, A R Jansz e A G M Buiting.Comparação do Sistema Fluorescente BACTEC 9000 MB, do Sistema Septi-ChekAFB e do Meio Lowenstein-Jensen para a Deteção de Micobactérias. Journal of Clinical Microbiology 1996;34(10):2391-2394.

35. Rohner P, Ninet B, Metral C, Emler S, e Auckenthaler R. Avaliação do sistema MB/BacT e comparação com o sistema BACTEC 460 e meios sólidos para isolamento de micobactérias

de amostras clínicas. Journal of Clinical Microbiology 1997;35(12):3127- 3131.

36. Hanna Soini e James M. Musser. Molecular Diagnosis of Mycobacteria. Clinical Chemistry 2001;47 (5):809-814.

37. Won-Jung Koh, MD; O. Jung Kwon, MD; Kyeongman Jeon, MD; Tae Sung Kim, MD; Kyung Soo Lee, MD; Young Kil Park, PhD; e Gill Han Bai, PhD. Clinical Significance of Nontuberculous Mycobacteria Isolated From Respiratory Specimens (Significado Clínico das Micobactérias Não Tuberculosas Isoladas de Espécimes Respiratórios). CHEST 2006; 129:341348).

38. Manual de isolamento, identificação e teste de sensibilidade de Mycobacterium tuberculosis. National Tuberculosis Institute, Bangalore, Governo da Índia Edição -2, 1998.

39. Connie R Mahon, Donald C Lelman, George Mansuelis. Textbook of Diagnostic Microbiology 3rd Edition Capítulo 26:683-717.

40. Hains Life Sciences. Genotype MTBDR plus - Manual de Procedimentos Operacionais Normalizados.

41. Raja rao P, T.C Anjamma. Diferenças de género no resultado do tratamento de doentes com tuberculose ao abrigo do Programa Nacional Revisto de Controlo da Tuberculose. Indian J Pharma Biomedsei 2013;4(2):66-68

42. Hridayesh Arya, B.R. Singh, S.V.S Rana, S.S.Lal.Eoidemiologia da tuberculose pulmonar no oeste de U.P. Boletim de Meio Ambiente, Farmacologia e Ciências da Vida 2013;6(12).

43. Abhijit Mukherjee, Indranil Saha, Anirban Sarkar, Ranadip Chowdhary. Gender differences in notification rates, Clinical forms and treatment of tuberculosis patients under the RNTCP - Lung India 2012;29(2).

44. Bawri S, Ali S, Phukane, Tayal B, Baruw P. A study of sputum conversion in new smear positive pulmonary tuberculosis cases at the monthly intervals of 1st, 2nd and 3rd month under directly observed treatment, short course (DOTS) regimen. Lung India 2008;25:118-123.

45. Hemavathi, Pooja Sarmah, Ramesh D.H. Comparative Evaluation of the Rapid slide culture and microscopy with the conventional culture Method in the diagnosis of Pulmonary Tuberculosis. Jornal de Investigação Clínica e de Diagnóstico. 2012;6(2): 192-194.

46. Upasana Bhumbla e Gyaneshwari. Um estudo comparativo da coloração de ziehl-nelson e da coloração de auramina em amostras de expetoração para o diagnóstico da tuberculose pulmonar. Revista Internacional de Investigação Biomédica 2014;5(6).

47. Balakrishna J, P.R. Shahapur, Chakradhar P, Hussain Saheb S. Estudo comparativo de diferentes técnicas de coloração - coloração de Ziehlneelsen, coloração de Gabbet, coloração de fluorocromo para deteção de Mycobacterium Tuberculosis no escarro J. Pharm. Sci. & Res 2013;Vol.5(4):89 - 92.

48. Narayan Shrihari, KumudiniT.S D.A Comparação de três métodos de coloração diferentes para a deteção de bacilos álcool-ácido rápidos (Mycobacterium tuberculosis) em amostras de expetoração.Journal of Pharmaceutical and Biomedical Sciences (JPBMS),2012;14(06).

49. Niladri Sekhar Das, DC Thamke. Avaliação das técnicas de coloração da expetoração para o diagnóstico da tuberculose pulmonar. Indian Journal of Medical Specialities 2013;4(2):243-247.

50. Rishi S, Sinha P, Malhotra B, Pal N. A comparative study for the detection of Mycobacteria of BACTEC MGIT 960, Lowenstein Jensen media and direct AFB Smear examination. India J of Med Microbiology 2007;25(4):384-86.

51. Sukesh Rao. Tuberculosis and patient gender-An analysis and its implications in tuberculosis control. Lung India 2009;26(2):46-47.

52. Drancourt M, Raoult D. Cost-effectiveness of blood agar for isolation of mycobacteria (custo-eficácia do ágar sangue para isolamento de micobactérias). PLoS Negl Trop Dis 2007;1:e83

53. Dunlop G.A e Lowe B.D. A Comparison of Blood and Egg media for the isolation of Mycobacterium tuberculosis.J. clin. Path.1955;8:300.

54. Shidika A e Pokhrel N. A comparison of Blood and Egg based media for the rapid isolation and drug susceptibility testing of Mycobacterium tuberculosis from clinical specimens. Journal of clinical and Diagnostic Research 2012;6(10):1704-1709.

55. Coban AY, Akqunes A, Durupinar B. Evaluation of Blood agar medium for the growth of mycobacteria (Avaliação do meio de ágar-sangue para o crescimento de micobactérias). Mikrobiyol Bul 2011;45(4):617-22. (Em turco).

56. Alberto Gil - Setas e Ana Mazon, Jesus Alfaro. Ágar Sangue, Ágar Chocolate e Mycobacterium tuberculosis. Journal of Clinical Microbiolgy 2003;41(8)

57. Ghatole M, Sable C, Kamale P, Kandle S, Jahagirdar V, Yemul V. Evaluation of biphasic culture system for mycobacterial isolation from the sputum of patients with pulmonary tuberculosis. Indian J Med Microbiol. 2005;23:111-3.

58. Shenai S, Sadani M, Sukhadia N, Sodha A, Mehta A. Evaluation of BACTEC MGIT 960 TB system for recovery and identification of Mycobacterium tuberculosis complex in a High through put tertiary centre. Jornal Indiano de Microbiologia Médica 2009;27(3):217-21.

59. Naveen G, Basavaraj, Peerapur V. Comparação entre o meio Lowenstein Jensen, o meio Middlebrook 7H10 e MB/BacT para o isolamento de Mycobacterium tuberculosis a partir de amostras clínicas. Jornal de Investigação Clínica e de Diagnóstico 2012;6(10):1704-1709.

60. Ravish Kumar Muddaiah, Pratibha Malini James e Ravi kumar Lingegowda. Estudo comparativo da microscopia de esfregaço, cultura de lâmina rápida, cultura de Lowenstein Jensen em casos de tuberculose pulmonar num hospital de cuidados terciários. Journal of Resp Medicine Sciences 2013;18(9):767-771.

61. Negi S S, Basir S F, Gupta S, Pasha S T, Khare S, Lal S. Comparação das modalidades de diagnóstico convencionais, cultura BACTEC e teste de reação em cadeia da polimerase para o diagnóstico da tuberculose. Indian J Med Microbiol 2005;23:29-33.

62. Po-Liang Lu, Yuan Cheih Yang, So Chiao Huang, Yi Shan Jenh, Yao Cheng Lin, Hsin Hui Huang e Tsung Chain Chang. Avaliação do sistema BACTEC MGIT 960 em combinação com o teste de identificação MGIT TBc para a deteção do complexo Mycobacterium tuberculosis em amostras respiratórias. Jornal de Microbiologia Clínica 2011:229092.

63. Ruhi Bunger, Varsha A Singh, Avneet, Sonia Mehta e Deepak Pathania. Avaliação do BACTEC Micro MGIT com meios de Lowenstein Jensen para a deteção de micobactérias em doentes clinicamente suspeitos de tuberculose extra-pulmonar num hospital de cuidados terciários em Mullana. J Med Microb Diagn 2013;2(3).

64. Abdul Hannan, Saadia Chaudhary, Sidrah Saleem, Atika Qayyum, Muhammed Usman Arshad. Rapid isolation of Mycobacteria - need of the hour in our settings - J Ayub Med Coll Abottabad 2008;20(4)

65. Mohammed Abdul Mohi Siddiqui, P.R.Anuradha, K.Nagamani, P.H.Vishnu. Comparação de modalidades de diagnóstico convencionais, cultura BACTEC com PCR para o diagnóstico de Tuberculose Extra Pulmonar. J Med Allied Sci 2013;3(2):53-58

66. Jesudason M V, Gladstone P. Non tuberculosis Mycobacteria isolated from clinical specimens at a tertiary care hospital in South India. Indian Journal of Medical Microbiology 2005;6(7):965-70.

67. Myneedu V.P, Verma A.K, Bhalla M, Arora J, Reza S, Shah G.C, Behera D. Ocorrência de micobactérias não tuberculosas em amostras clínicas - um potencial agente patogénico. Indian

J Tuberc 2013;60:71-76.

68. Mu Yeol Lee, Taehoon Lee, Min Ho Kim, Sung Soo Byun. Diferenças regionais de espécies não tuberculosas em Uslan, Coreia,J Thorax Dis 2014;6(7):965-70

69. Singh, M.M., Shankar, S.V.R., Jain, N.K. e Chandra Sekhar, S. Prevalence of atypical mycobacteria in patients undergoing treatment at a tuberculosis clinic. Actas da XV Conferência da Região Oriental da I.UA.T.L.D., 10-13 de dezembro de 1987, Lahore, Paquistão, publicadas pela Punjab Tuberculosis Association 1988,115.

70. Karak K, Bhattacharyya S, Majumdar S, De P.K. Pulmonary infections caused by mycobacteria other than M.tuberculosis in and around Calcutta. Indian J Pathol Microbiol 1996;39:131-4.

71. Paramasivan CN, Govindan D, Prabhakar R, Somasundaram PR, Subbammal S e Tripathy SP. Species level identification of non-tuberculous mycobacteria from South Indian BCG trial area during 1981. Tubercle 1985; 66:9 - 15.

72. Kamala T, Paramasivan CN, Herbert D, Venkatesan P e Prabhakar R. Evaluation of procedures for Isolation of nontuberculous mycobacteria from soil and water. Applied Environ Microbiol 1994;60 (3):1021 - 24.

73. Narang R, Narang P, Jain AP, Mendiratta DK, Wankhade A, Joshi R, Soolingen D van, Laan T van, Ollar RA. International J Tuberc Lung Dis 2007 (suplemento).

FIGURA 1: AMOSTRA POSITIVA PARA AFB EM MICROSCOPIA DE ESFREGAÇO

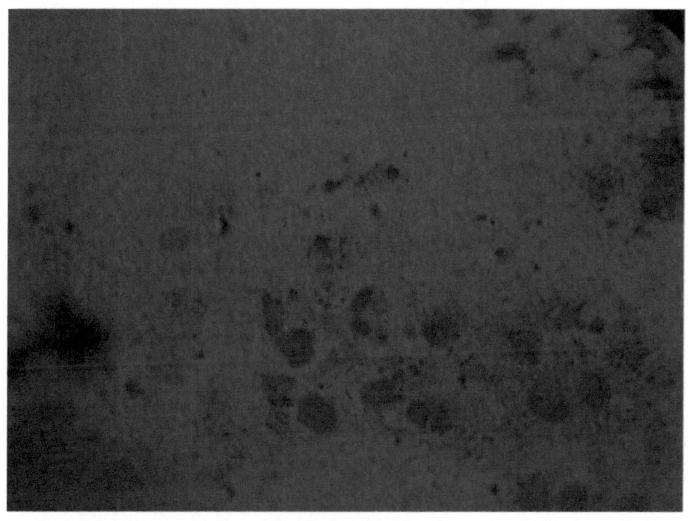

FIGURA 2: ÁGAR-SANGUE COM CRESCIMENTO DE MICOBACTÉRIAS TUBERCULOSE

FIGURA 3: Ágar de sangue mostrando o crescimento da estirpe H37Rv

FIGURA 4: MEIO LJ MOSTRANDO CRESCIMENTO DE MYCOBACTERIUM TUBERCULOSIS

FIGURA 5: MEIO LJ MOSTRAR O CRESCIMENTO DA RAÇA H37Rv

FIGURA 6: MÁQUINA PCR

FIGURA 7: INSTRUMENTO GT BLOT VERSÃO 2.0

FIGURA 8: CABINA DE SEGURANÇA BIOLÓGICA PARA PREPARAÇÃO DA MISTURA PRINCIPAL:

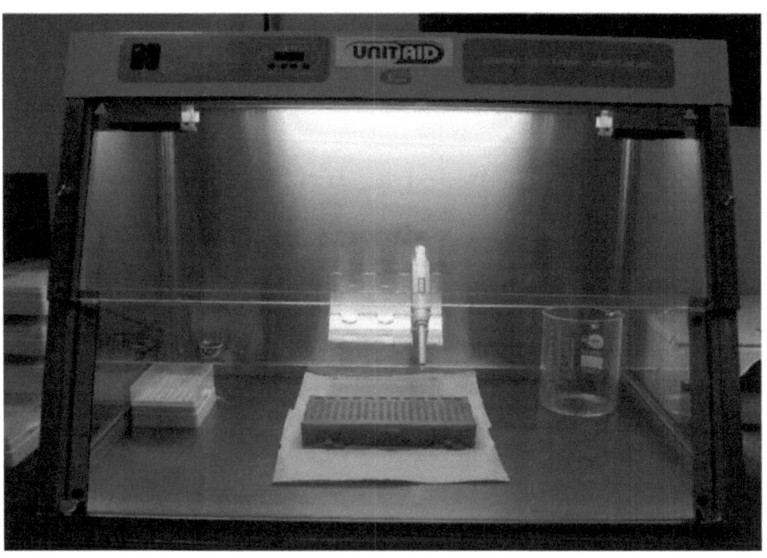

FIGURA 9: ARMÁRIO DE NÍVEL DE SEGURANÇA BIOLÓGICA 3

FIGURA 10: INCUBADORA

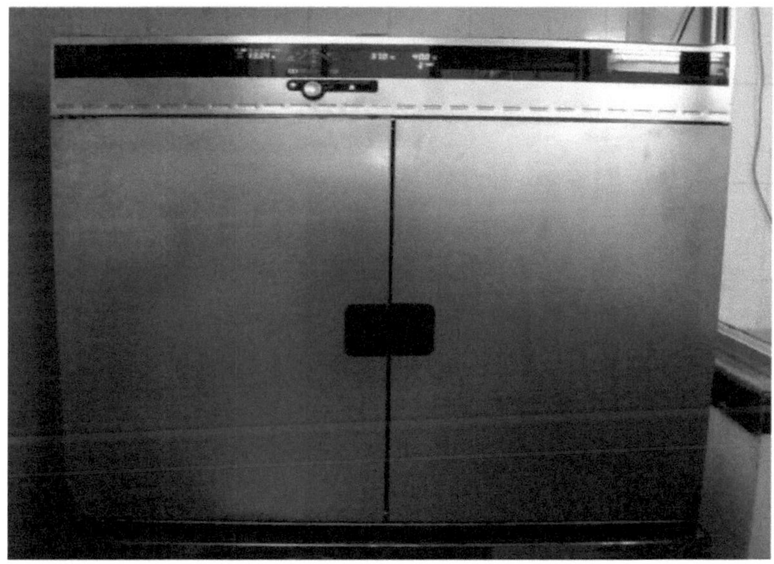

FIGURA 11: TESTE DE NIACINA

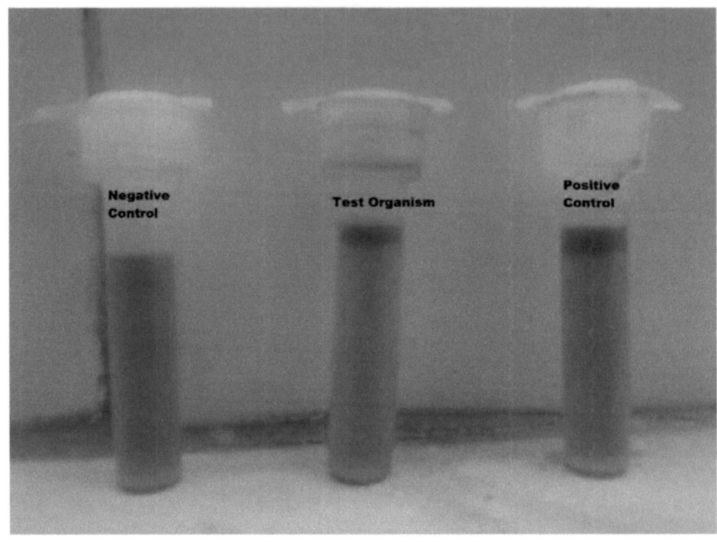

FIGURA 12: ENSAIO DA CATALASE A 68 C^0

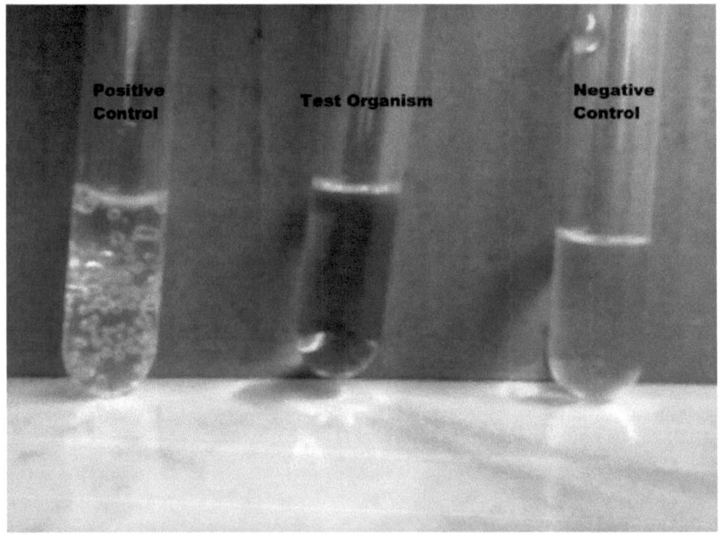

FIGURA 13: ENSAIO DE NITRATOS

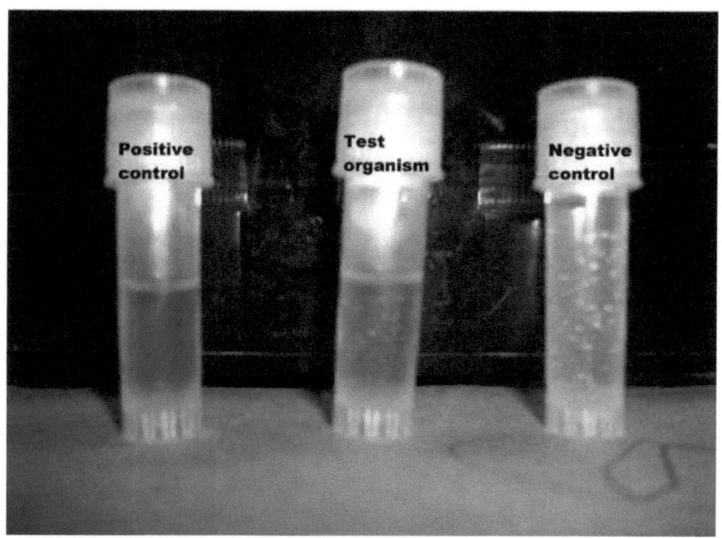

FIGURA 14: NORMAS DE REDUÇÃO DE NITRATOS.

FIGURA 15: TUBOS MGIT DA BACTEC

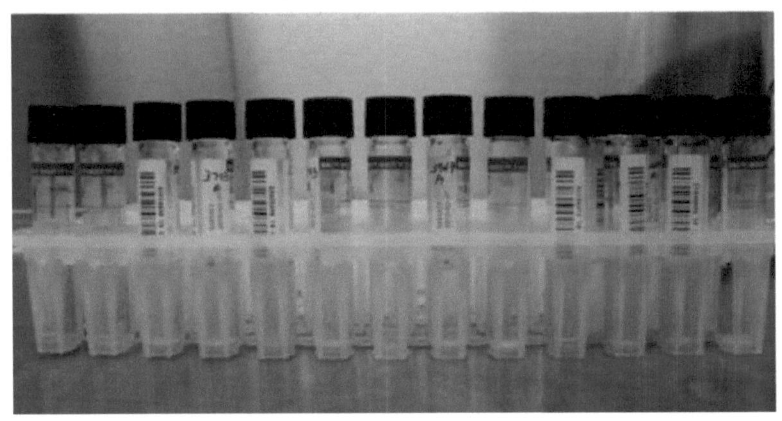

FIGURA 16: INSTRUMENTO BACTEC MGIT 960

FIGURA 17: PLACA DE ÁGAR MAC-CONKEY MOSTRANDO CRESCIMENTO DE NTM.

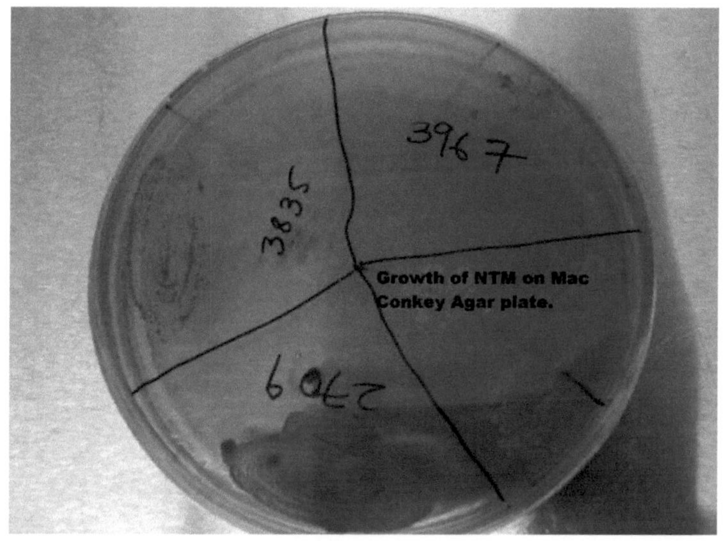

FIGURA 18: ENSAIO DE HIDRÓLISE DE TWEEN

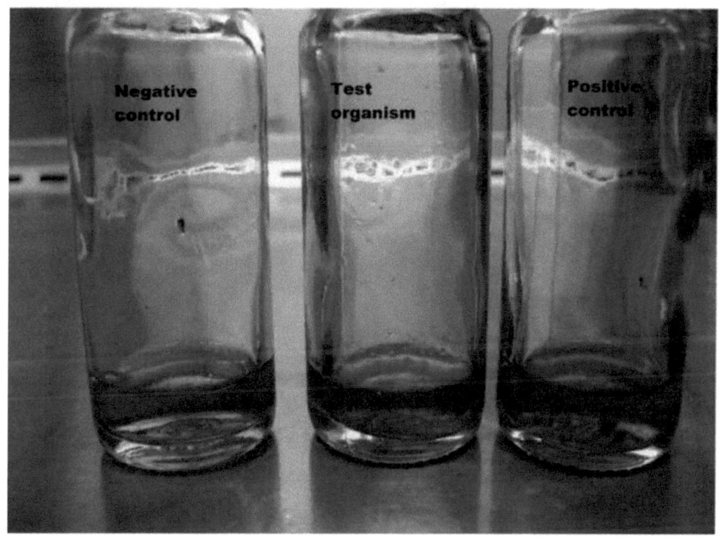

FIGURA19: CRESCIMENTO DE NTM EM ÁGAR SANGUE

FIGURA 20: CRESCIMENTO DA NTM NO MEIO LJ

Fig. 21 : RESULTADOS DE ISOLADOS POSITIVOS DE CULTURA BA

HAIN LIFESCIENCE

GenoType **MTBDR*plus*** 96

VER 2.0

0304A-0713-03-2

GT - A

12 09 2014 (dd mm yyyy)

#	Sample	TUB	rpoB WT	rpoB MUT	katG WT	katG MUT	inhA WT	inhA MUT	RMP sensitive	RMP resistant	INH sensitive	INH resistant
1	1535	+	+	-	+	-	+	-	S		S	
2	2448	+	+	-	+	+	+	-	S			R
3	2986	+	+	-	+	-	+	-	S		S	
4	2995	+	+	-	+	-	+	-	S		S	
5	3045	+	+	-	+	-	+	-	S		S	
6	3129	+	-	-	+	-	-	+		R		R
7	3173	+	+	-	+	-	+	-	S		S	
8	3174	+	+	-	-	+	+	-	S			R
9	3264	+	+	-	+	-	+	-	S		S	
10	3651	+	+	-	+	-	+	-	S		S	
11	3703	+	+	-	+	-	+	-	S		S	
12	3725	+	+	-	+	-	+	-	S		S	
13	3770	+	+	-	+	-	+	-	S		S	
14	3821	+	+	-	+	-	+	-	S		S	
15	3828	+	+	-	+	-	+	-	S		S	
16	3836	+	+	-	+	-	+	-	S		S	
17	3842	+	+	-	-	+	+	-	S			R
18	3853	+	-	-	-	+	+	-		R		R
19	3862	+	+	-	+	-	+	-	S		S	
20	3868	+	+	-	+	-	+	-	S		S	
21	3872	+	+	+	+	+	+	-		R		R
22	4006	+	+	-	+	-	+	-	S		S	
23	4007	+	+	-	-	+	+	-	S			R
24	4018	+	+	-	+	-	+	-	S		S	

LOT [illegible] HYB 30 min STR 15 min SUB 05 min

Fig. 22: RESULTADOS DOS CASOS POSITIVOS DE CULTURA BA

HAIN LIFESCIENCE

GenoType MTBDR*plus* 96 GT-B @

VER 2.0

0304A-0713-03-2

12 09 2014 (dd mm yyyy)

#	Sample	TUB	rpoB WT	rpoB MUT	katG WT	katG MUT	inhA WT	inhA MUT	RMP sensitive	RMP resistant	INH sensitive	INH resistant
25	2709	Mtb not detected										
26	4032	+	+	−	−	+	+	−	S			R
27	4034	+	+	−	+	−	+	−	S		S	
28	4035	+	+	−	+	−	+	−	S		S	
29	4039	+	+	−	+	−	+	−	S		S	
30	4043	+	+	−	+	−	+	−	S		S	
31	4252	+	+	−	+	−	+	−	S		S	
32	6359	+	+	−	+	−	+	−	S		S	
33	3835	Mtb not detected										
34	4264	+	+	−	+	−	+	−	S		S	
35	9440	+	[illegible]	+	+	−	+	−		R	S	
36	9449	+	−	+	+	−	+	−		R	S	
37	3967	Mtb not detected										
38	H37Rv	+	+	−	+	−	+	−	S		S	
39	Neg	Negative										
40	MMx	Negative										

LOT DVD0074 HYB 30 min STR 15 min SUB 05 min

Printed by Books on Demand GmbH, Norderstedt / Germany